U0294053

“十三五”国家重点图书出版规划项目
中国工程院重大咨询项目

三峡工程建设
第三方独立评估

机电设备评估报告

中国工程院三峡工程建设第三方独立评估机电设备评估课题组　编著

中国水利水电出版社
www.waterpub.com.cn
·北京·

内 容 提 要

“三峡工程建设第三方独立评估”是原国务院三峡工程建设委员会委托中国工程院开展的重大咨询项目。本书为该项目机电设备评估报告，分别从机电设备论证、设计、制造运输、安装调试、质量管理、运行维护以及三峡工程对我国水电机电设备行业技术进步的影响等角度进行了评估，并提出了综合评估结论。

全书重点分析了三峡工程机电设备的技术方案、参数、性能，枢纽的金属结构及桥式起重机技术方案、参数、性能，机电设备的安装、调试、运行和维护，以及三峡工程对我国水电机电设备行业技术进步和制造能力的影响，并对三峡机组运行和我国水电装备的发展提出相关建议。

本书对大型水利水电项目建设及相关部门决策具有重要参考价值，也可供相关领域科研人员和高校师生参考使用。

图书在版编目（CIP）数据

三峡工程建设第三方独立评估机电设备评估报告 / 中国工程院三峡工程建设第三方独立评估机电设备评估课题组编著. -- 北京 : 中国水利水电出版社, 2023.10
中国工程院重大咨询项目
ISBN 978-7-5226-1870-8

Ⅰ. ①三… Ⅱ. ①中… Ⅲ. ①三峡水利工程－机电设备－评估－研究报告 Ⅳ. ①TV632.63

中国国家版本馆CIP数据核字(2023)第201518号

书　　名	**中国工程院重大咨询项目：三峡工程建设第三方独立评估机电设备评估报告** ZHONGGUO GONGCHENGYUAN ZHONGDA ZIXUN XIANGMU: SANXIA GONGCHENG JIANSHE DI－SAN FANG DULI PINGGU JIDIAN SHEBEI PINGGU BAOGAO
作　　者	中国工程院三峡工程建设第三方独立评估机电设备评估课题组　编著
出版发行	中国水利水电出版社 （北京市海淀区玉渊潭南路1号D座　100038） 网址：www.waterpub.com.cn E－mail：sales@mwr.gov.cn 电话：（010）68545888（营销中心）
经　　售	北京科水图书销售有限公司 电话：（010）68545874、63202643 全国各地新华书店和相关出版物销售网点
排　　版	中国水利水电出版社微机排版中心
印　　刷	北京印匠彩色印刷有限公司
规　　格	184mm×260mm　16开本　12印张　228千字
版　　次	2023年10月第1版　2023年10月第1次印刷
印　　数	001—800册
定　　价	**120.00**元

凡购买我社图书，如有缺页、倒页、脱页的，本社营销中心负责调换

课题组成员名单

专 家 组

组　长：梁维燕* 哈尔滨电气集团公司专家委员会原副主任，中国工程院院士

副组长：杨定原 水利部原外事司司长，教授级高级工程师

成　员：孙如瑛* 原国务院三峡工程建设委员会装备协调司司长，教授级高级工程师

饶芳权* 上海交通大学教授，中国工程院院士

孙凤鸣* 机械工业联合会重大装备办公室原高级顾问，教授级高级工程师

刘光宁* 哈尔滨电机厂有限责任公司原副总工程师，教授级高级工程师

刘公直 哈尔滨电机厂有限责任公司原副总工程师，教授级高级工程师

樊世英 东方电气集团东方电机有限公司原总工程师，教授级高级工程师

陈锡芳 东方电气集团东方电机有限公司原总设计师，教授级高级工程师

唐　澍 中国水利水电科学研究院机电所原所长，教授级高级工程师

刘彦红 成都勘测设计研究院，教授级高级工程师

袁达夫* 长江勘测规划设计研究院原常务副院长，教授级高级工程师

胡　瑜 哈尔滨电机厂有限责任公司原副总工程师，教授级高级工程师

汪大卫 东方电气集团东方电机控制设备有限公司原

总设计师，高级工程师

胡伟明　中国三峡建工（集团）有限公司总经理，教授级高级工程师

呼淑清　机械工业联合会重大装备办公室，高级工程师

邵建雄　长江勘测规划设计研究院原机电设计处处长，教授级高级工程师

张　猛　西安西电开关电气有限公司，教授级高级工程师

李　正　国家水力发电设备工程技术研究中心原副主任，教授级高级工程师

覃大清　国家水力发电设备工程技术研究中心副主任，教授级高级工程师

（注：带*号者为参加1986年论证人员）

工　作　组

组　长： 李　正　国家水力发电设备工程技术研究中心原副主任，教授级高级工程师

成　员： 王　波　国家水力发电设备工程技术研究中心规划室原主任，教授级高级工程师

刘景旺　长江勘测规划设计研究院原机电设计处副处长，教授级高级工程师

赵银汉　保定天威保变电气股份有限公司，教授级高级工程师

王建刚　国家水力发电设备工程技术研究中心，高级工程师

高　欣　国家水力发电设备工程技术研究中心，高级工程师

毛昭元　西安西电避雷器有限责任公司董事长，高级工程师

宫海龙　国家水力发电设备工程技术研究中心，教授级高级工程师

唐数理　国家水力发电设备工程技术研究中心，高级工程师

李任飞　国家水力发电设备工程技术研究中心，教授级高级工程师

王立贤　国家水力发电设备工程技术研究中心，高级工程师

范吉松　国家水力发电设备工程技术研究中心原调研员，高级工程师

朴美花　国家水力发电设备工程技术研究中心原调研员，工程师

董慧莹　国家水力发电设备工程技术研究中心原调研员，工程师

参 编 人 员

石清华　东方电气集团东方电机有限公司副总工程师，教授级高级工程师

铎　林　东方电气集团东方电机有限公司副总工程师，教授级高级工程师

梁智明　东方电气集团东方电机有限公司总绝缘师，教授级高级工程师

李国元　东方电气集团东方电机有限公司水力开发高级主任工程师，教授级高级工程师

曹大伟　东方电气集团东方电机有限公司水机设计高级主任工程师，教授级高级工程师

付封旗　东方电气集团东方电机有限公司水机工艺主任工程师，高级工程师

李文学　中国三峡建工（集团）有限公司向家坝与溪洛渡工程建设部副主任，教授级高级工程师

刘　浩　中国长江三峡集团有限公司机电技术中心主任，教授级高级工程师

杨年浩　中国长江三峡集团有限公司机电技术中心业务主管，高级工程师

马小高　能事达电气股份有限公司励磁事业部总经理，高级工程师

付　强　国家水力发电设备工程技术研究中心，教授级高级工程师

刘永新　国家水力发电设备工程技术研究中心，高级工程师

赵昊阳　哈尔滨电机厂有限责任公司，高级工程师

丁军锋　国家水力发电设备工程技术研究中心，高级工程师

柴博容　国家水力发电设备工程技术研究中心，工程师

（注：以上人员信息为 2022 年年中统计结果）

序

能源是国家发展之基，社会进步之本。水能作为世界能源的重要组成部分，具有悠久的利用历史。水力发电技术的诞生使水电成为水能利用的主要途径并促进其规模开发。水能的水电开发利用不仅可以提供稳定、清洁的电能，还具有防洪、供水、航运、灌溉等综合功能与价值。因此，在能源发展战略中，优先发展水电成为国际共识。欧美等发达国家，凭借其雄厚的资金与技术实力，早在20世纪70—80年代就已经完成国内水电资源的规模开发，开发程度普遍在60％以上，有些国家甚至超过90％。

我国水电资源丰富，居世界首位，同时也是世界上较早进行水电开发的国家之一，然而我国水电技术底子薄，改革开放前，自主水电技术发展曲折而缓慢，虽经艰苦奋斗，有所成就，但技术水平与同期国际先进水平仍有很大差距，水电资源开发程度很低。1978年我国水电总装机容量为1867万kW，仅占经济可开发装机容量的4.6％，已投运的水轮发电机组最大单机容量为300MW，而同年美国大古力水电站首台700MW机组已建成投产。改革开放后，我国通过自主设计、技术合作、独立或联合生产等方式建设了天生桥、岩滩、李家峡、二滩、隔河岩、水口等一批大型水电站，自主水电技术水平虽有所提升，但依然落后，技术发展速度远远满足不了我国水电建设的需要，水电资源开发程度依然很低。至三峡工程建设前，我国自主研制的水轮发电机组最大单机容量为龙羊峡水电站的320MW机组，与三峡工程对单机容量700MW机组的建设需求差距甚远，不仅机组主机设备如此，而且其他的电气设备、材料等也存在类似情况。从时间角度来衡量技术差距，以1978年大古力水电站单机容量700MW机组投运算起，至2007年我国三峡工程第一台国产 700MW 机组投运，我国自主水电装备技术整体水平与国外水电先进技术水平有近 30 年的技术差距，亟待技术提升与突破，以服务国家建设。

建设三峡工程是中华民族百年梦想，是治理长江和开发利用长江水资源的重要举措，也是一项功在当代、利在千秋的世纪伟业。三峡工程的成功建设对我国水电装备整体技术及相关领域的技术提升影响深远，推动和促进作用明显，具有里程碑意义。通过三峡工程，我国采用“引进—消化吸收—再创新”的技术路线，引进了当时世界最先进的水电装备研发、设计、制造技术和管理理念，并完成水电装备骨干企业生产装备换代升级，建成比较完整的水电装备现代化自主研发体系，为我国水电装备的自主研发创新与技术持续提升打下了坚实基础，使我国迅速从左岸机组的技术引进与仿制，向右岸、地下电站机组自主创新研制转变，在机组水轮机转轮开发、电机冷却系统、气体绝缘金属封闭开关设备（GIS）、调速器等设备研制方面均取得很大突破，从技术“跟跑”开始向技术“并跑”转变，实现我国水电装备整体技术水平在不到 10 年的时间内完成近 30 年技术差距的巨大跨越。

水电装备技术水平的整体进步也开启了我国大规模水电资源开发的序幕，依托三峡工程，我国实现了巨型混流式水轮发电机组关键、核心技术的自主掌握并向其他机型研发技术辐射，同时也积累了丰富的巨型水电机组从前期论证、研发、设计到机组招投标，再到机组安装调试运行的全链条管理经验，促进了我国水电资源的规模开发。继三峡工程之后，我国相继完成龙滩、小湾、拉西瓦、溪洛渡、向家坝、糯扎渡、锦屏、乌东德、大藤峡等大型水电站工程建设工作，在混流式、贯流式、轴流式等机组及电站设备研制和水电资源开发建设方面均取得了巨大成就。2021 年 6 月 28 日，由我国自主研制的世界单机容量最大功率 1000MW 白鹤滩机组投产发电，标志着我国巨型混流式水电机组研制已处于国际领先水平，实现了我国水电装备技术由“并跑”开始向“领跑”跨越。截至 2022

年年底，我国水电装机容量约3.68亿kW（不包括抽水储能），开发程度达到技术可装机容量的67.89%。

“神女应无恙，当惊世界殊”，三峡工程的建设改变了我国水电装备技术与水电资源开发落后的局面，也改变了世界水电装备竞争的格局。目前，我国已能独立自主设计制造单机容量1000MW大型混流式机组、230MW大型轴流式机组、75MW级大型贯流式机组、100MW级大型冲击式机组、400MW级可逆式机组及相关配套设备，大型混流式、轴流式、贯流式机组研制水平处于国际领先水平，大型冲击式、可逆式机组研制水平处于国际先进水平，实现了“真正的大国重器，一定要掌握在自己手里”，同时我国水电装机容量居世界首位，成为名副其实的水电大国和水电制造强国。水电装备已成为我国一张靓丽的国际名片，水电产品出口亚、非、拉国家和地区，服务当地国家建设与经济社会发展，为全球气候及环境治理贡献中国水电智慧。

本书对三峡工程机电设备论证过程，主机设备水轮机、发电机，辅机设备调速系统、励磁系统，电气设备主变压器、GIS、监控系统等机电设备的技术方案、参数、性能，三峡工程机电设备的安装、调试、运行管理情况和三峡工程对我国水电机电设备行业技术进步的影响进行了客观、公正的评估，让读者更为深入了解三峡工程和三峡工程对我国高端装备制造业的影响及意义，同时也为国内外其他大型水电工程建设提供借鉴参考。

中国工程院三峡工程建设第三方独立评估
机电设备评估课题专家组

2023年5月

前言

在三峡工程全面建成后，2013年12月，为配合三峡工程的竣工验收，原国务院三峡工程建设委员会（以下简称“三峡建委”）委托中国工程院在“三峡工程论证及可行性研究结论的阶段性评估”和“三峡工程试验性蓄水阶段评估评价”的基础上，组织开展对三峡工程建设的第三方独立评估工作，全面总结三峡工程建设的成功经验，科学评价三峡工程的综合效益，准确分析三峡工程的相关影响，并提出有关建议。

中国工程院对此高度重视。2014年1月，中国工程院成立了由钱正英院士、徐匡迪院士为评估项目顾问，周济院长任组长，王玉普原副院长、徐德龙副院长、刘旭副院长、沈国舫原副院长、国家自然科学基金委员会原主任陈宜瑜院士任副组长的评估项目领导小组，全面组织领导评估工作。成立了沈国舫原副院长任组长的评估项目专家组，并成立了评估项目办公室，负责具体协调和管理工作。根据评估要求，三峡工程建设第三方独立评估分设水文与调度、泥沙、地质灾害、地震、生态影响、环境影响、枢纽建筑、航运、电力系统、机电设备、移民、社会经济效益等12个评估课题组，分别负责相关专业领域的评估工作。

机电设备课题成立了由中国工程院院士梁维燕任组长，水利部原外事司司长杨定原任副组长，国家水力发电设备工程技术研究中心原副主任李正任工作组组长，共25人组成的三峡工程建设第三方独立评估机电设备评估课题组，在国家水力发电设备工程技术研究中心组织下开展评估工作，对三峡工程机电设备的论证、设计、制造、运输、安装、调试、运行、管理等内容，以及三峡工程建设对我国高端装备制造业的影响进行了全面的评估和总结，并提出相关建议。

机电设备评估课题组通过对三峡工程、长江勘测规划设计研究院（长江水利委员会下属设计院，现长江设计集团有限公司，以下简称“长江设计院”）、长江三峡能事达电气股份有限公司（现能事达电气股份有限公司，以下简称“能事达公司”）、哈尔滨电机厂有限责任公司（原哈尔滨电机厂，以下简称“哈电”）、东方电气集团东方电机有限公司（原东方电机厂，以下简称“东电”）等单位的实地考察与调研，在认真分析相关历史文献、设计报告、试验报告、机组运行报告、机组相关规程规范等资料的基础上，经专家多轮认真、充分讨论和修改、完善，于2015年年底形成《三峡工程建设第三方独立评估机电设备评估报告》5000字简版正式版、5万字专题报告正式版和16万字评估报告初稿。

2021年6月，根据中国工程院《“三峡工程建设第三方独立评估”项目出版工作会议纪要》，由国家水力发电设备工程技术研究中心副主任覃大清牵头组织原评估组主要成员及相关单位成员对16万字评估报告初稿按出版要求进行整理形成本报告，报告内容和结论与初稿一致。

本报告凝聚了参与评估工作的院士和专家的智慧与汗水，在此对课题组成员和报告编写人员表示衷心的感谢，同时借本报告的出版，向参与和关心三峡工程建设的各界人士表示敬意！

三峡工程是一项巨大的综合性工程，其运行的效益和影响需要一个较长的过程才能充分体现，本次评估工作难免有疏漏和不够准确之处，敬请读者批评指正，同时希望此报告的出版进一步助推我国及世界水电装备技术的发展，促进可再生能源的利用，为构建清洁、高效、低碳的世界能源体系作出贡献。

中国工程院三峡工程建设第三方独立评估
机电设备评估课题组

2023 年 5 月

目录

第一章

概述

长江三峡工程是20世纪末21世纪初世界最大的一项水利水电枢纽工程，它集防洪、发电、航运、补水等功能于一体，同时也是当今世界上总装机容量最大的水电站。三峡电站由左岸电站、右岸电站、地下电站和电源电站组成，其中，左岸电站安装14台700MW水轮发电机组，右岸电站安装12台700MW水轮发电机组，地下电站安装6台700MW水轮发电机组，电源电站安装2台具有黑启动功能的50MW水轮发电机组，总计32台单机容量700MW的混流式水轮发电机组和2台单机容量50MW的混流式水轮发电机组，总装机容量为22500MW（表1-1），于2012年7月全部投产发电。截至2014年12月31日，电站累计发电量8107.87亿kW·h，为我国经济社会发展作出了重大贡献。

表1-1　　　　三峡电站装机布置情况

<table>
<tr><th>项目</th><th colspan="2">左岸电站</th><th colspan="3">右岸电站</th><th colspan="3">地下电站</th><th>电源电站</th></tr>
<tr><td>单机容量</td><td colspan="2">700MW</td><td colspan="3">700MW</td><td colspan="3">700MW</td><td>50MW</td></tr>
<tr><td rowspan="2">机组台数</td><td colspan="2">14台</td><td colspan="3">12台</td><td colspan="3">6台</td><td rowspan="2">2台</td></tr>
<tr><td>8台</td><td>6台</td><td>4台</td><td>4台</td><td>4台</td><td>2台</td><td>2台</td><td>2台</td></tr>
<tr><td>供货商</td><td>AKA联合体①</td><td>VGS联合体②</td><td>哈电③</td><td>东电④</td><td>ALSTOM</td><td>哈电</td><td>东电</td><td>ALSTOM</td><td>哈电</td></tr>
<tr><td>发电机冷却方式</td><td colspan="2">半水冷</td><td>全空冷</td><td colspan="2">半水冷</td><td>全空冷</td><td>蒸发冷却</td><td>半水冷</td><td>全空冷</td></tr>
</table>

① 法国ALSTOM公司+挪威KVAERNER公司+瑞士ABB公司组成的联合体。

② 德国VOITH公司+加拿大GE公司+德国西门子公司组成的联合体。

③ 哈尔滨电机厂有限责任公司。

④ 东方电气集团东方电机有限公司。

三峡工程是世纪性的大工程，机电设备作为工程能量转换的核心，是实现三峡工程总体功能的重要组成部分。三峡工程机电设备规模大、技术要求高、投资巨大，针对三峡电站所采用的机电设备，国家在工程建设前期、中期和运行期间都进行了充分的论证和科学试验研究。早在1958年，国家科学技术委员会（现科学技术部）就在武汉三峡科研工作会议上，根据长江流域规划办公室（现水利部长江水利委员会，以下简称“长江委”）提出的规划，安排哈电、中国科学院机械电机研究所（现中国科学院电工研究所）和当时刚成立的第一机械工业部第八局大型电机研究所（现哈尔滨大电机研究所）等单位，按正常蓄水位200.00m对电站采用单机容量300MW、450MW、600MW、800MW、1000MW五个方案的机组参数、结构、尺寸装配图进行了论证研究，并编写了《三峡枢纽机组容量论证初步意见》。1986年水利电力部根据中央指示，组织412位专家，聘请了21位特邀顾问，成立14个专家组历时近3年对三峡工程地质地震、枢纽建筑物、水文、防洪、泥沙、航运、电力系统、机电设备、移民、生态与环境、综合规划与水位、施工、投资估算、综合经济评价进行了详细的重新论证。机电设备部分按蓄水位175.00m对机组型式、参数，电气设备参数、金属结构，机组运输、安装等方案等进行了充分的论证，形成《机电设备论证报告》。1992年4月3日，中华人民共和国第七届全国人民代表大会第五次会议正式审议通过了《关于兴建长江三峡工程的决议》。在此之后，长江委在重新可行性论证结论的基础上，开展了长江三峡水利枢纽工程的初步设计，选定机电设备、金属结构设施的总体配置、型式、主要性能参数、总体结构布置等原则性方案。该方案于1993年5月通过三峡建委专家组的审查。

三峡工程作为世纪工程，其建设的原则之一是必须采用当代该领域最先进的技术。但当时国内制造企业尚未具备独立设计制造700MW水轮发电机组的技术能力。为此，1996年三峡工程左岸电站14台水轮发电机组采用国际招标模式。遵照三峡建委实现重大装备国产化的要求，招标时要求中标方必须向我国水电设备制造商转让巨型水轮发电机组研制的核心技术，从而以“引进—消化吸收—再创新”的技术路线实现我国巨型水轮发电机组等重大水电装备国产化。1997年8月15日，法国ALSTOM公司＋挪威KVAERNER公司＋瑞士ABB公司组成的联合体（简称AKA联合体）和德国VOITH公司＋加拿大GE公司＋德国SIEMENS公司组成的联合体（简称VGS联合体）分别中标。哈电、东电分别安排在AKA联合体和VGS联合体两个联合体内，在接受技术转让的同时分担机组制造份额（分担量近50%），以快速掌握引进技术。

作为“千年大计，国运所系”的重大工程，工程建设的质量一直受到国家和中国长江三峡集团有限公司（原中国长江三峡工程开发总公司，以下简称“三峡集团公司”）的高度重视。1994年三峡工程正式开工建设，为保证工程质量，对于机电设备部分，三峡集团公司认真贯彻执行国务院三峡工程质量专家组的指导意见，成立了由公司总经理直接负责领导，设计、制造、安装单位以及监造、监理各方组成的机电建设管理组织机构，采取机电设备技术与机电安装分段管理的精细化管理模式，对采购、设计、制造、供应及机电设备现场安装与调试等环节进行管理，有效地保证了机组的制造、安装质量和安装进度。

在部分机组投产后，2008 年，三峡建委委托中国工程院组织实施了“三峡工程论证及可行性研究结论的阶段性评估”工作，其中对机电设备评估，编写有《机电设备课题阶段性评估报告》。该报告对 1988 年的《机电设备论证报告》及可行性报告机电部分的内容逐项进行了分析评估，指出：“可行性论证报告对三峡机电设备的规模与容量、尺寸与性能参数、关键技术、设计制造运输的可行性等方面做出的论证结论符合实际情况”“三峡工程机电设备的成功运行证明了论证结论是科学合理的”。

在三峡工程试验性蓄水阶段，2012 年，三峡建委又委托中国工程院开展了“三峡工程试验性蓄水阶段评估评价”工作，形成《三峡工程试验性蓄水阶段评估报告》。该报告指出，三峡电站所有机电设备可以在水位 135.00～145.00～175.00m 范围安全、稳定、高效地运行，电站发电效益巨大，节能减排效果显著。

在三峡工程全面建成后，2013 年 12 月，三峡建委再次委托中国工程院开展本次“三峡工程建设第三方独立评估”工作，要求在“三峡工程论证及可行性研究结论的阶段性评估”和“三峡工程试验性蓄水阶段评估评价”的基础上，组织开展对三峡工程建设第三方独立评估工作，全面总结三峡工程建设的成功经验，科学评价三峡工程的综合效益，准确分析三峡工程的相关影响，并提出有关建议。2014 年 1 月，中国工程院成立了以周济院长担任评估领导小组组长、沈国舫原副院长担任评估专家组组长的“三峡工程建设第三方独立评估”的项目组，组织开展“三峡工程建设第三方独立评估”工作，对水文与调度、泥沙、地质灾害、地震、生态影响、环境影响、枢纽建筑、航运、电力系统、机电设备、移民、社会经济效益影响等专项内容进行评估。机电设备课题成立了由中国工程院院士梁维燕任课题组组长，水利部原外事司司长杨定原任副组长，国家水力发电设备工程技术研究中心副主任李正任工作组组长，共 25 人组成的三峡工程建设第三方独立评估机电设备评估课题组，对三峡工程机电设备的论证、设计、制造、运输、安装、调试、运行、管理等内容，以及三峡工程建设对我国高端装备制造业的影响进行全面的评估和总结，同时提出相关建议。

机电设备评估课题组通过对三峡工程、长江设计院、能事达公司、哈电、东电等单位的实地考察与调研，在认真分析相关历史文献、设计报告、试验报告、机组运行报告、机组相关规程规范等资料的基础上，经专家多轮认真、充分的讨论和修改、完善，于2015年年底形成《三峡工程建设第三方独立评估机电设备评估报告》5000字简版正式版、5万字专题报告正式版和16万字评估报告初稿。2021年6月，根据中国工程院《“三峡工程建设第三方独立评估”项目出版工作会议纪要》，由国家水力发电设备工程技术研究中心组织原评估组主要成员及相关单位成员对16万字评估报告初稿按出版要求进行整理形成本报告。通过对三峡工程建设机电设备第三方独立评估，专家组一致认为：

（1）三峡机电设备型式及参数选择合理，技术先进。自左岸电站首批机组于2003年7月投产以来，三峡水轮发电机组相继经历了135.00m、156.00m、172.80m、175.00m等不同阶段蓄水位的运行考验。10余年来的运行考核表明，三峡水轮发电机组运行安全稳定，能量、空化和电气等性能良好，主要性能指标达到或优于合同要求。电站输变电设备、综合自动化系统、各种金属结构设施、附属设备及公用系统设备等运行性能优良，能长期可靠、稳定运行。

（2）国家采取的以“引进—消化吸收—再创新”来实现我国巨型水电机组国产化的技术路线是正确的。通过三峡工程，我国逐步建立起现代化的自主研发创新体系，巨型水轮发电机组主、辅机设备等的自主研发、设计、制造、安装、调试能力实现了跨越式发展，与世界先进企业并驾齐驱，迈入世界巨型水电机组自主研制行列，并带动基础材料、监控设备、工程设计等技术领域的快速发展，自行研制的巨型机组总体性能达到了国际先进水平。在机电设备的安装、调试、运行和维护等方面，三峡建委、三峡集团公司等部门和单位制定了高于国家标准的安装标准，完善、先进、科学的质量管控体系，“首稳百日”“精品机组”等严格的考核标准和科学的三峡机组分区运行标准，保证了机电设备安装、调试、运行的高质量，可靠性指标始终保持在较高水平，促进了我国大型水电机组的安装、运行、管理水平的提升，并为我国乃至世界大型水电机组的安装、运行、管理提供了宝贵经验。

第 二 章

机电设备历次主要规模技术论证与初步设计简述

机电设备是长江三峡工程水能开发的关键之一。机电、金属结构的工程设计、制造必须安全、可靠并达到投运时的国际先进水平，才能保证枢纽工程功能目标的实现和效益最大化，为此国家在三峡工程建设前期进行了两次大规模技术论证，并根据论证结果进行初步设计。

一、三峡工程机电设备首次规模技术论证

（一）长江三峡水利枢纽科学技术研究会议

1958 年中共中央成都会议通过了《中共中央关于三峡水利枢纽和长江流域规划的意见》。同年 6 月，由国家科学技术委员会、中国科学院、水利电力部在武汉联合组织召开了第一次“长江三峡水利枢纽科学技术研究会议”。在此次会议上，主要对正常蓄水位 200.00m 方案各项问题进行了讨论，长江委机电专业人员与各有关单位协商，提出了 3 类 38 个科研课题，并与哈电、中国科学院机械电机研究所、哈尔滨大电机研究所等有关单位签订了科研协议，3 类课题如下。

1. 水轮发电机组及电气设备（共 17 个课题）

（1）三峡水轮机容量的研究。研究内容为 450MW，并考虑容量为 600MW 及以上的水轮机制造的可能性。

（2）适用于三峡水电站提前发电的水轮机研究。研究的主要内容为寻求一种能适应水头变幅为 26～157.6m 的水轮机，以适应工程分期开发方案和围堰提前发电的要求。

（3）三峡水电站水轮机飞逸转速的研究。研究的主要内容为降低水轮机飞逸转速和防止飞逸的措施。

（4）三峡水轮发电机容量的研究（内容同水轮机容量）。

（5）低水头提前发电水轮发电机的研究。研究的主要内容为在低水头条件下，额定转速降低，发电机可能达到的出力及推力轴承允许的最低转速。

（6）超巨型超高压变压器型式、容量及系列性研究。研究的主要内容为配合不同机组容量和不同的主接线方式所需的变压器型式及容量。

（7）超高压大容量发电机交流断路器的研究。研究的主要内容为 300～600kV、15000～25000MVA 的交流断路器。

（8）大电流大容量发电机用交流断路器的研究。研究的主要内容为 25kV、17000A（或 60kV、6000A），断流容量为 6000～10000MVA 的交流断路器。

（9）超高压、高位差电缆的研究。研究的主要内容为 300～600kV，200m 高差，每组电缆输送容量为 1200MVA。

（10）超高压避雷器的研究。

（11）超高压互感器的研究。

（12）超高压绝缘子的研究。

（13）超高压大容量汞弧换流阀的研究。

（14）高压大容量直流开关探索性研究。

（15）自动化元件与装置的研究。

（16）水轮机的强度、材料、工艺、传动的研究。

（17）发电机及高压电器的强度、材料、工艺、传动的研究。

2. 远距离输电（共 13 个课题）

当时按三峡水利枢纽装机容量 13000～25000MW 考虑，将有大量电力向华中、华东及华北等区域输送。每一地区送电容量估计为 2000～4000MW，输送距离为 500～1200km，这些支干线与各地区电力网络连接，形成以三峡为中心的高压电力系统。此外，预计将来西南地区丰富的水力资源开发后，可能有 5000～10000MW 的电力需要通过三峡主干线外送。远距离输电课题如下：

（1）研究三峡输电主干线电压等级。研究的主要内容为 400kV 以上的电压等级。

（2）300～800kV 交流输电线路设备过电压及绝缘水平。研究的主要内容为绝缘水平的测定方法，内部过电压的计算方法及降低内部过电压的措施。

（3）300～800kV 输电线路电晕损失及电晕干扰。研究的主要内容是在各种气象条件下，特别是高海拔多雾条件下，导线形状、根数对电晕的影响及减少电晕损失和干扰的措施。

（4）线路降低经济指标的研究。

（5）线路提高送电容量的技术措施研究。包括串联补偿、电气制动、自动重合闸，还有降低发电机电抗、缩短开关开断时间等。

（6）继电保护和系统自动装置的研究。

（7）超高压线路对通信线路的干扰影响及防护措施。

（8）建立直流输电工业性试验设备和试验线路。

（9）直流输电的合理应用范围及电压等级的技术经济论证。

（10）直流输电的高压技术研究。研究的主要内容为±400kV～±800kV直流输电线路和设备的绝缘水平及直流阀内部过电压。

（11）直流输电的控制、调整、保护和自动装置。

（12）直流电流新技术研究。包括高压直流开关和半导体换流器的试探性研究。

（13）直流线路的研究。包括杆塔结构（重点是为了降低电晕损失将正负极分别架设的双杆塔双回路结构）和绝缘子、金具等。

3. 水电站及动力系统自动化（共 8 个课题）

（1）水轮发电机组的自动操作。研究的主要内容为机组的同期方式、制动方式，机组综合制动操作及全套自动化元件。

（2）自动调频、调压及有功、无功功率成组调节。

（3）水电站集中控制方式的研究和控制设备的研制。

（4）动力系统的经济运行和调度。

（5）动力系统的自动调整。包括频率、电压自动调整及有功、无功自动分配。

（6）动力系统的遥控遥测。

（7）三峡动力系统的通信研究。包括载波和微波技术研究和设备试制。

（8）水电站的工业电视应用。

（二）三峡水轮发电机及水轮机科研会议

根据研究任务的安排，国内积极开展了三峡工程重大技术研究工作。在水轮发电机组方面，1958 年 8 月和 11 月在哈尔滨举行了两次“三峡水轮发电机及水轮机科研会议”，参会单位有长江委、哈电、中国科学院机械电机研究所、哈尔滨大电机研究所等。会上长江委对三峡工程选用的水轮发电机组容量、特性参数等提出了具体要求。会议认为：三峡工程装机容量达 35000MW，必须采用大型容量机组才能满足工程的需要，机组的设计制造，必须尽可能采用一切可以采用的先进技术。会议确定对三峡电站可能采用的 300MW、450MW、600MW、800MW 和 1000MW 的单机容量，在同一基础上进行论证比较。水轮机论证的电站参数选择基于长江委在《三峡电站初步设计要点报告》中确定的三斗坪八号坝轴线坝址，其特征参数如下：

正常高水位　　　　200.00m
死水位　　　　　　165.00m
计算水头　　　　　127.00m
最大水头　　　　　155.50m
最小水头　　　　　110.50m
下游最大水位　　　68.30m
下游最小水位　　　47.90m

水轮机论证以HL638型转轮为基础，不同容量的水轮机参数（参数随论证的不同阶段有所变化）见表2-1，各方案转轮的尺寸、重量见图2-1和表2-2。此次论证专家组对蜗壳、机组主轴、顶盖、座环、导叶分布圆尺寸及强度、尾水管等进行了全方位的论证，还对减少推力轴承负荷、取消部分机组导水机构、限制飞逸转速等方面进行了探讨，编写有《1958年三峡枢纽水电机组容量初步论证》。论证结论为："单从机组的制造可能性与制造速度上来看，第一批机组宜于制造450～600MW的机组，以便在这个基础上第二批制造容量更大的机组。"该论证为三峡工程采用具有当时国际先进水平的机组提出了方案和设计研究的方向。

表2-1　　1958年论证的三峡电站不同容量的水轮机参数

方　案	Ⅰ	Ⅱ	Ⅲ	Ⅳ	Ⅴ
1. 水轮机型式	HL638	HL638	HL638	HL638	HL638
2. 标称直径/cm	1080	970	840	720	600
3. 额定转速/(r/min)	71.5	75.0	88.2	107.0	125.0
4. 额定出力/MW	1000	800	600	450	300
5. 计算水头下水轮机流量/(m^3/s)	880	710	535	393	272
6. 蜗壳进口直径/mm	11300	10000	8600	7400	6300
7. 蜗壳包角/(°)	345	345	345	345	345
8. 导叶高度/mm	2420	2170	1880	1600	1344
9. 导叶个数	24	24	24	24	24
10. 尾水管深度/m	28.6	21.2	21.8	18.7	15.6
11. 尾水管长度/m	44.0	38.8	33.6	28.8	24.0
12. 机坑直径/m	15.30	14.00	12.00	10.20	8.68
13. 机组间距/m	40.0	34.3	31.0	26.5	22.0
14. 水推力/tf	3960	3350	2300	1685	1175

续表

方　　案	Ⅰ	Ⅱ	Ⅲ	Ⅳ	Ⅴ
15. 转轮重量/t	710	500	330	220	130
16. 水轮机重量/t	4350	3130	1950	1340	737
17. 使用高强度钢 St52 水轮机总重量/t	3070	2220	1410	895	525

注　tf 为吨力，1tf＝9.80665×10^3N。

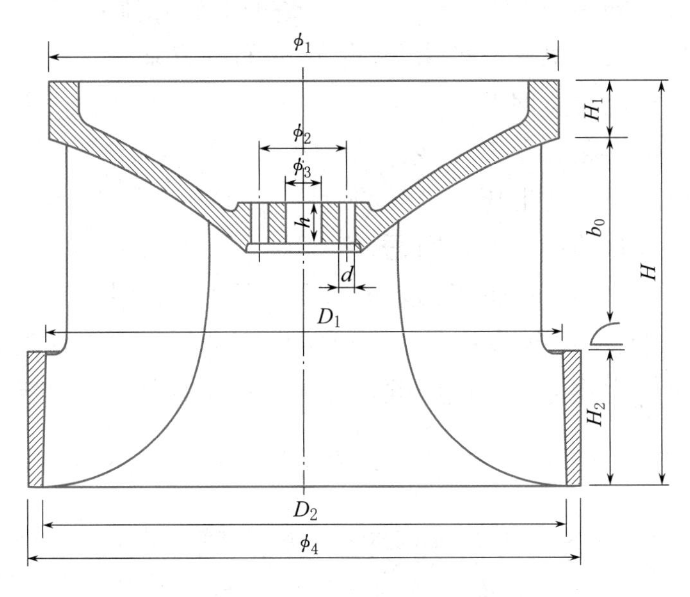

图 2－1　转轮外形尺寸示意图

表 2－2　　　各方案转轮的尺寸、重量

方　　案	Ⅰ	Ⅱ	Ⅲ	Ⅳ	Ⅴ
容量/MW	1000	800	600	450	300
D_1/mm	10800	9700	8400	7200	6000
ϕ_1/mm	10100	9200	7700	6540	6040
ϕ_2/mm	3950	3750	3200	2500	2080
ϕ_3/mm	2600	2600	2420	1800	1420
ϕ_4/mm	11640	10400	8640	7800	6430
b_0/mm	2420	2170	1880	1600	1344
H_1/mm	840	680	480	500	380
H_2/mm	1600	1400	1250	1070	950
H/mm	5100	4460	3780	3340	2300
d/mm	200	200	240	200	160
使用钢 CT3 重量/t	709	500	329	220	129.5
使用高强度钢 St52 重量/t	560	400	265	175	105

（三）第二次三峡工程科研会议

1959 年 10 月召开了第二次三峡工程科研会议，明确了 1960 年 25 项研究任务和 263 个课题，并提出了 17 个关键性问题，作为以后的主攻方向，其中机电有以下几方面：

（1）三峡电站水轮发电机组单机容量问题。通过对 300MW、450MW、600MW、800MW 和 1000MW 等方案一年多的比较论证，此次会议大家一致认为三峡电站第一批机组可以采用 500MW 左右的方案。

（2）三峡高压电设备问题。

（3）直流输电问题。

（4）三峡电力系统的电压等级问题。

（5）电力系统自动调频方式问题。

此次论证历时 3 年，取得了大量的科研成果，为三峡工程论证提供了有力的科学依据。20 世纪 70 年代初，国家决定先建设与三峡工程配套的葛洲坝水利枢纽，以解决华中地区的缺电问题，并为三峡工程做实战准备。

二、三峡工程机电设备第二次规模技术论证

20 世纪 70 年代末，随着国家发展，三峡工程的兴建提上议事日程。1986 年 6 月，党中央和国务院下达了《关于长江三峡工程论证工作有关问题的通知》，责成水利电力部组织各方面专家，在广泛征求意见、深入研究论证的基础上，重新提出三峡工程的可行性报告供中央决策。根据中央的指示，水利电力部组织了 412 位专家，聘请了 21 位特邀顾问，划分 10 个专题，成立了 14 个专家组，对三峡工程的地质地震、枢纽建筑物、水文、防洪、泥沙、航运、电力系统、机电设备、移民、生态与环境、综合规划与水位施工、投资估算、综合经济评价进行了详细的重新论证。机电设备（包括升船机和金属结构）专题组聘请了 53 位专家。在可行性论证期间，长江委提出了《机电设备专家组论证工作纲要》《三峡水电站机电设备专题论证汇报提纲》《三峡工程 175 米分期蓄水方案机电设备、升船机和金属结构专题的可行性报告编制工作要点》等报告。经两年多的重新论证，机电设备组形成《机电设备论证报告》（1988 年），主要结论如下。

（一）水轮发电机组

（1）选用混流式水轮机，按转轮直径 9.5m，单机容量 680MW 编制可行性报告，更大尺寸容量的机组制造上是可能的，但制造难度和工厂改造投资相应有较大增加，拟留待初步设计阶段深入论证。

（2）发电机采用全伞或半伞，额定电压初步选为18kV，冷却方式选用半水冷或全空冷都可行，对发电机结构进行深入研究后再行确定，680MW机组的推力负荷据初步估算5650tf，已经超过了国外已投运机组的最大负荷4700tf和国内机组最大负荷3800tf，推力轴承成为制造三峡发电机的关键。

（3）对机组的主要参数做了初选，机组额定水头80.6m。论证中，机电专家认为，额定水头80.6m偏低，从有利于机组制造和安全运行出发，要求提高。经与综合规划和水位专家组进行协调，协调结果是：当额定水头定为80.6m时，对机组制造虽增加困难，但是是可行的；若进一步提高额定水头，对三峡水利枢纽综合经济效益影响较大，对综合经济评价不利，从全局考虑，额定水头仍定为80.6m。

（4）对机组适应分期蓄水进行可行性分析，鉴于目前尚缺乏可靠的技术经济资料，分期蓄水的具体时间尚有变化，为了稳妥和留有余地，可行性研究报告可按175m蓄水位选定的机组进行编制，待初步设计阶段再与其他方案进行比选。

（二）电气设计及主要设备

（1）电站接入电力系统。三峡工程采用交直流输电混合方式，供电范围以华中、华东为主，兼顾川东，因电力系统专家组尚未论证与三峡工程175.00m正常水位方案有关的电力网络结构和电站出线回路数，暂按：①向华中送电9000MW，向华东送电7000MW，向川东送电1000MW；②电站的交流500kV出线暂按17回考虑（包括备用2回）；③电站右岸设±500kV直流换流站，暂以1回高压直流线路送华东，输电容量为2400MW。

（2）电气主接线。①发电机与主变压器的组合可考虑对两个一机一变的单元联合和两机一变的扩大单元或其他组合方式进行技术经济比较。对一机一变两单元联合接线，为了提高运行可靠性，根据电气设备制造现状，优先考虑在500kV侧装设高压断路器方案。②500kV侧接线方式。一倍半接线作为主接线的比选基础，同时，也应结合电力系统的要求和条件，论证采用简化接线方案的可能性。

（3）主要电气设备。①主变压器。采用组合三相变压器、普通单相变压器和低压双分裂的单相变压器在运输上都不存在问题。但组合三相变压器的造价较贵，低压双分裂的单相变压器布置较为困难，采用普通单相变压器，年运行费用指标最差，投资过大，而采用普通三相变压器价格便宜，维护、管理方便，其运输重量可以控制在350t以内，运输问题可以解决。②交流超高压电器和发电机电压大电流电气设备。关于三峡工程的交流超高压电器，已对全封闭、混合式、敞开式等类型的开关站进行了技术经济比较。考虑到全封闭组合器的可靠性较高，全封闭开关站利用了厂坝平台间的空间，可节省开挖且施工量最小，开关站维护方便，因而在左岸优先推荐采用全封闭式开关站，而在右岸由于地形条件等尚需对 SF_6 敞开式或复合式电器布置作进一步研究；发电机电压大电流电气设备在总结已有经验基础上可以立足于国内制造。③±500kV 成套直流设备。鉴于国内自行研制的 100kV、500A 舟山直流工程即将投产，瑞士 BBC 公司的±500kV 直流输电设备制造技术也已引进，葛沪直流工程运行经验可供借鉴，在必要时，引进关键设备，并经中间性工业试验，三峡工程所需±500kV 成套直流设备也可以在国内生产。

（4）自动化系统及装置。根据国内外自动化技术水平的现状和发展趋势，要做好自动化系统总体规划设计；研究电站及通航设施的自动控制、水情测报、通信、梯级调度、经济运行等分项系统的水平和要求及其相互关系，加强前期科研试点工作，积累经验；研究采用可靠先进的自动化装置和计算机监控系统，使三峡工程的综合自动化达到国际水平。

1989 年，长江委根据重新论证的结果重新编制和提交了《长江三峡水利枢纽可行性研究报告》，报国务院三峡工程审查委员会审查并于 1991 年 8 月通过审查。《长江三峡水利枢纽可行性研究报告》推荐的方案是：大坝坝顶高程 185.00m，水库正常高水位 175.00m，防洪限制水位 145.00m，校核洪水水位 180.40m，防洪库容 221.5 亿 m^3，左、右岸坝后式厂房分别装设单机容量 680MW 机组 14 台、12 台，电站装机容量 17680MW，年发电量 800 亿 kW·h。施工准备工期 3 年，主体工程工期 15 年，主体工程开工后的第 9 年第一批机组发电。采取“一级开发，一次建成，分期蓄水，连续移民”的建设方针。

1992 年 1 月，国务院通过了《长江三峡水利枢纽可行性研究报告》的审查意见并提请党中央和全国人民代表大会审议。1992 年 4 月 3 日，第七届全国人民代表大会第五次会议审议通过了《关于兴建长江三峡工程的决议》。

三、三峡工程机电设备初步设计

《关于兴建长江三峡工程的决议》获得全国人民代表大会审议通过后，要求长江委在重新可行性论证结论的基础上，开展长江三峡水利枢纽工程初步设计，选定机电设备、金属结构设施的总体配置、型式、主要性能参数、总体结构布置等原则性方案。长江委于 1992 年 12 月完成《长江三峡水利枢纽工程初步设计报告（枢纽工程）》共 11 篇（其中第六篇为《机电设计》）和《三峡水电站水轮发电机组容量研究补充报告》，并于 1993 年 5 月经三峡建委专家组审查通过，审查意见如下。

（一）关于水轮发电机组的审查意见

1. 水轮发电机组额定容量

在初步设计期间，长江委对单机容量结合枢纽总体布置、机组和相应电气设备制造的可能性、电站接入电力系统、发电效益和经济指标等方面进行了全面论证比选，结果表明，单机容量由680MW增大到700MW，装机26台，电站的装机容量由17680MW提高到18200MW，多年平均发电量由840亿kW·h增至为847亿kW·h，设备制造难度增加不大，可增加年发电量和施工期发电量，经济评价指标较好，设计予以推荐。1993年3月在哈尔滨召开增大单机容量会议，经讨论，与会专家一致同意将单机容量由680MW增大到700MW。单机容量增大到700MW的意见，上报三峡建委审查。核心专家组审查意见为：根据机械部提供的资料和长江委《三峡水电站水轮发电机组容量研究补充报告》，单机容量可由680MW增加至700MW。

2. 参数选择

报告中所选用的700MW混流式水轮发电机组的主要参数是合适的，并已具有世界水平。

（1）同意装机吸出高程（从导叶中心线算起）为－5.00m，尾水管高度为$2.7D_1$。

（2）机组参数：①水轮机转轮直径为9.85m；②比转速为249～261.2m·kW；③蜗壳宽度为34.325m；④水轮发电机电压为18～20kV；⑤水轮发电机冷却方式可为空冷或半水内冷，在满足发电机冷却的条件下，应首先采用空冷，在设计布置上可按半水内冷考虑，留有余地。

（3）厂内起重设备。同意在左、右岸两厂房内各设置一台起重量为2×1150t的半门式起重机。

（4）安装总进度，头一年投入2台，以后每年投入4台。

（5）同意初设方案中提出的采用永久水轮发电机组方案。

（二）关于电气设备的审查意见

1. 电站与电力系统的连接、电气主接线

电站与电力系统的连接，同意设计中采用的出线。电压等级及回路数作为本阶段设计的依据。

2. 电气主接线及主要电气设备

（1）同意本阶段推荐的发电机变压器联合单元接线，左、右岸电厂500kV侧采用一倍半接线方式，左、右岸电厂之间不设直接电气联系，左、右岸电厂

500kV 母线可各分为两段。

（2）主变压器可采用三相变压器，由于变压器台数较多，有必要设 1 台备用变压器。建议研究主变压器强风风冷的可能性和提高水冷变压器水冷却器的质量。

（3）同意发电机与变压器之间不装设断路器。在此情况下，当端短路时靠灭磁切断短路电流，为此要进一步研究持续短路电流对主变器安全的影响及应采取的措施。

（4）原则同意左右岸电厂高压配电装置的选型及出线。

（5）原则同意厂用电及坝区供电的供电电源和接线方式。为增加泄洪闸供电的可靠性，请设计院研究由施工变电所增加一回 35kV 供电线路的合理性。

3. 直流换流站

（1）同意右岸换流站采用由 500kV 开关站接换流变常规的接线方式，直流部分采用双极双桥方案。

（2）推荐直流换流站交流部分与右岸电厂 500kV 开关站结合在一起的接线及布置方案。待系统规划设计完成后，结合系统提出的换流站站址方案，最后进行技术经济比较确定。

4. 变压器运输

主变压器运输重 320～350t，初设中提出的公路、水运联合运输方式或在长江沿岸城市建立大型变压器装配厂两种方案都可行。

5. 电站自动化及继电保护

（1）同意设计中提出的三峡水利枢纽自动化系统的主要任务以及按功能分层分布式结构的计算机监控系统；梯级调度及以下分为梯级调度层、监控层及现地层。梯调对三峡、葛洲坝水利枢纽泄洪蓄水发电航运等统一调度，统一对外。梯调以上宜设较高层次的防汛、电力及航运调度级。

（2）同意设计中提出的对继电保护的基本要求、设计原则和措施。

（3）同意采用自并励励磁方式以及微机调节器及具有自适应功能的控制系统。

（三）关于金属结构的审查意见

（1）三峡工程金属结构总量达 26.5 万 t（建成后为 28 万 t），数量巨大，种类繁多，个别超过了国内外的水平。

（2）三峡工程的金属结构设计是在可行性论证和多年科研工作的基础上进行的，可以满足枢纽泄洪、通航、发电及建筑物安全运行的要求。

第 三 章

三峡工程机电单项技术设计和招标设计评估

一、三峡工程机电单项技术设计研究过程简述

三峡工程机电单项技术设计是在初步设计基础上进行的。初步设计后电力系统提出，在三峡左右岸各出 1 回送电容量为 3000MW 的直流送电华东地区，根据这一变化，长江设计院开展了机电（含首端换流站）单项技术设计，于 1995 年 3 月向三峡集团公司提交了《长江三峡水利枢纽单项工程技术设计报告　第五册　机电（含首端换流站）设计报告》，推荐装设 26 台 700MW 水轮发电机组，左、右岸各设一座交直流换流站，并与三峡电站交流开关站相结合的总体技术方案，为配合单项技术设计机电设计报告的编制，还进行了 16 个专题的机电研究。单项技术设计报告于 1995 年 6 月通过三峡建委委托三峡集团公司组织的专家审查。

1995 年 11 月 1 日在三峡建委召开的第五次会议上，对三峡工程输变电问题作了如下决议：电网建设要和电站建设分开，葛洲坝到上海的直流输电（包括换流站）与整个三峡输变电工程（包括直流输电及换流站）一起，由国家电网公司作为业主单位负责建设和管理，并将直流换流站设在坝区之外。据此长江设计院对机电单项技术报告进行了修改：将 500kV 开关站由开敞式改为 SF_6 气体绝缘金属封闭开关设备（GIS），布置在电站上游厂坝间副厂房内，500kV 架空出线从房顶出线塔至大坝与枢纽外的架空出线连接，同时也对继电保护、通信、计算机监控等作了相应的修改，提出了单项技术设计专题修改报告，并经三峡集团公司组织专家审查批准。

在单项技术设计中，根据机电工程存在的主要问题着重在下述的几个方面开展了设计研究：

（1）水轮发电机组总体设计方案及参数选择。

（2）电站起重方式研究。

（3）电站装机进度研究。

（4）电站接入系统及电气主接线研究。

（5）电站综合自动化研究。

（6）继电保护措施及配置研究。

（7）永久通信专题设计研究。

特别对水轮发电机组的选择进行了深入全面的研究，确定了机组单机容量、性能参数、主要结构型式，并对分期蓄水措施、水轮机稳定性、发电机冷却方式、设置最大容量等进行了专题研究。

二、三峡工程机电单项技术设计和招标设计研究情况及结论

（一）水轮发电机组

1. 机组参数选择

单项技术设计阶段，对水轮发电机组参数的选择重新进行了专题研究，提交了《长江三峡电站水轮发电机组转速和主要控制尺寸分析研究》《长江三峡电站发电机主要参数选择》等专题报告，推荐水轮发电机组的主要参数为额定转速 75r/min，吸出高度 −5m，冷却方式半水内冷；同时对机组段控制尺寸进行了限定：①蜗壳总宽度不大于 34.325m，机组段长度为 38.30m；②机组中心线（X—X）至蜗壳下游侧控制尺寸为 17.60m；③水轮机中心线（Y—Y）至钢管中心线的距离暂定为 12.50m，允许在 12.0～13.0m 范围内变动；④以下游尾水位 62.00m 所确定的机组安装高程为 57.00m。

在机组参数的论证中，对采用高参数还是低参数（转速采用 75r/min 或 71.4r/min）有较大的分歧，主要担忧高参数下的水轮机磨损，为此长江设计院对水轮机抗泥沙磨损进行了专题研究，提交了《三峡水轮机泥沙磨损预估》专题报告，从流道流态、转轮材料及磨损破坏进行了充分的论述，仍推荐转速采用 75r/min。

单项技术设计审查意见如下：

（1）机组的主要参数。

1）水轮机采用单机额定出力 710MW，水轮发电机组额定容量 777.8MVA，额定功率 700MW。

2）机组转速 71.4r/min 和 75r/min 均可行，经综合分析并考虑到造价等因素，同意应优先采用 75r/min 方案。

3）同意设计意见，水轮机的名义直径在 $D_1 = 9.85$m 左右，不规定具体

数值，由投标厂商根据机组的技术要求和机组段尺寸选定。

4）发电机的主要参数，同意长江委编写的《三峡水电站发电机主要参数选择报告》中暂定的参数值。

（2）尾水管的控制尺寸。

1）将尾水管高度（从导叶中心平面至尾水管底面）由 $2.7D_1$ 增加至 $3D_1$。

2）尾水管底板表面高程按 27.00m 设计。

3）尾水管长度（从机组中心线至尾水管出口）增加至 50.0m。

（3）蜗壳和机组段的控制尺寸。

1）同意长江委提出的蜗壳总宽度控制在 34.325m 以内，相应的机组段长度为 38.3m。

2）机组中心线（X—X）至蜗壳下游侧控制尺寸为 17.6m。

3）水轮机中心线（Y—Y）至钢管中心线的距离暂定为 12.5m，允许在 12.0～13.0m 范围内变动。

（4）吸出高度和安装高程。

1）同意长江委提出的以尾水位高程 62.00m 作为确定水轮机安装高程的依据。

2）在目前资料不够完备的情况下，暂定吸出高度 $H_S=-5$m，相应的水轮机安装高程暂定为高程 57.00m。

在水轮发电机组招标采购阶段亦按上述确定的参数执行。

2. 机组最大容量

三峡工程单项技术设计阶段，从有利于提高机组运行稳定性出发，对发电机设置最大容量进行了专题研究。

三峡电站机组设置发电机最大容量，能使水轮机在高水头工况运行时靠近最优工况，增加导叶开度，有利于改善水轮机在高水头工况的运行稳定性。因此，单项技术设计阶段，对三峡电站水轮发电机分别设置 106%P_r（额定容量）、109%P_r（额定容量）和 112%P_r（额定容量）3 个最大容量方案进行了专题研究，从机组运行稳定性、电气设备和发电量等方面进行了技术和经济比较。研究表明，受发电机和主变压器制造难度及 500kV 断路器开断能力 63kA 水平的限制，三峡电站发电机最大容量不宜超过 840MVA。为此，1995 年 6 月，长江设计院提交了《三峡电站水轮发电机稳定性能研究兼论水轮发电机设置最大容量可行性研究》专题报告。经审查后在《关于三峡工程单项技术设计机电（含首端换流站）设计审查意见》中明确为“在变电站电气设备的结构型式和布置不做大改变的前提下，当额定功率因数为 0.9 时，发电机最大容量增大至 840MVA”。

1995 年 6 月单项技术审查终审意见如下：

鉴于三峡机组的额定水头、额定出力等主要参数在初步设计阶段已审批，应维持已审定的水轮机在额定水头 80.6m、机组额定出力为 700MW 不变。为适当改善水轮机在高水头时的运行工况，在变电站电气设备的结构型式不做大改变的前提下，当额定功率因素为 0.9 时，发电机最大容量增大至 840MVA 不变，并在技术规范书中要求发电机按最大容量设计。

在水轮发电机组采购招标中明确水轮发电机组设置最大容量 840MVA，发电机最大容量时额定功率因素为 0.9，最大功率为 756MW。

3. 推力轴承支撑方式

单项技术设计阶段对推力轴承支撑方式进行了专题研究，从保证机组稳定运行的角度出发，对水轮机顶盖的刚强度进行了充分的分析研究，在设计中还充分考虑了尾水管压力脉动对结构的影响。从经济上考虑，推荐采用布置在水轮机顶盖上的方式，但不排斥承重下机架的方式。

单项技术设计审查意见如下：

水轮发电机组采用 3 导轴承半伞式结构。其推力轴承的支撑方式，长江设计院在各设计阶段对布置在水轮机顶盖上和布置在发电机下机架上的两个方案都进行了大量的论证比较，技术设计阶段推荐采用布置在水轮机顶盖上的方案，但不排斥布置在发电机下机架上的方案。专家组认为，两个方案在技术上均是可行的，都可以保证机组安全稳定运行，国内外都有成熟的经验。

在水轮发电机组招标采购阶段，因确定三峡左岸电站水轮发电机组为国际招标采购，长江设计院结合国外制造厂的成熟经验，推荐采用承重下机架方案，虽然采用这种方式会使机组高度增加约 1m，并使设备及土建费用有所增加，但这种方式使机组的受力结构简单清晰，方便运行维护，因此予以推荐采用。

4. 分期蓄水过渡措施

三峡电站机组设计参数见表 3－1。

表 3－1　三峡电站机组设计参数

项　目	单位	初期	后期
装机容量	MW	18200	18200
保证出力	MW	3600	4990
多年平均发电量	亿 kW·h		846.8

续表

项　目	单位	初期	后期
装机利用小时数	h		4650
最大水头	m	94	113
加权平均水头	m	77.1	90.1
额定水头	m	80.6	80.6
最小水头	m	61	71

可行性研究阶段后的各阶段，围绕分期蓄水过渡措施的讨论和研究一直没有间断，初步设计阶段仍推荐采用永久转轮方案。单项技术设计阶段，长江设计院就此问题进行了专题研究，完成提交了《三峡电站分期蓄水过渡技术措施研究》专题报告，在报告中基于装设初期转轮所产生的经济效益巨大，且在技术上又不存在任何风险，拟推荐采用初期临时转轮方案，由于初期运行时间的不确定，初拟装设2～6台初期转轮，具体的台数待机组招标阶段确定。

单项技术设计审查意见如下：

根据各厂商就初期低水位运行时机组运行性能和运行效益分析计算以及长江设计院对全电站应用不同台数初期转轮的综合评估，原则同意采用初期转轮，具体台数按2～3台考虑。建议长江设计院暂按2009年水库水位上升至正常蓄水位175.00m的条件对采用2台、4台、6台初期转轮的投入、产出和前后期关系进行分析比较，并提出书面报告，以便在机组招标文件中规定。

在水轮发电机组招标采购阶段，根据各投标厂家提供的永久转轮性能参数及对分期蓄水过渡措施的意见，认为由于技术进步使得水轮机转轮性能提高，在低水头段水轮机的预想出力永久转轮和初期转轮方案相差不大，且永久转轮可以保证在全水头段安全稳定运行，因此确定采用永久转轮方案。

5. 机组稳定性

从初步设计开始，长江设计院对机组稳定性予以高度重视，在机组的总体技术设计中，始终把机组稳定性放在首位。在单项技术设计阶段，结合机组单机容量的选择比较，提交了《三峡电站水轮发电机稳定性能研究兼论水轮发电机设置最大容量可行性研究》报告，详细分析了水轮机出力与压力脉动的相对关系，为机组容量的确定提供了依据。

单项技术设计审查意见如下：

（1）叶片固定的混流式水轮机理论、模型试验和运行实践均表明，30%～60%开度为运行不稳定区，在60%开度以上运行时稳定性较好，一般大型机组要求在50%开度以上运行。三峡工程水头变幅很大，致使在最大水头额定出力时，偏离水轮机的设计最优工况较远。高水头额定出力的开度仅为55%。应适当加大转轮直径，留有更大出力储备。这样，低水头可多发电，高水头有利于稳定运行。

（2）设置最大容量，高水头运行时效率可提高1%～2%。还可增加电站和系统的调峰能力。

在水轮发电机组招标采购阶段，长江设计院对水轮机稳定性进行了专题研究，提交了《三峡左岸电站水轮机运行稳定性预测及预防措施研究报告》，提出三峡电站因水头变幅大，为适应水头的变化及防止压力脉动对水轮机产生危害，应分区域限定压力脉动的指标，在压力脉动较大的区域不运行或控制运行。

6. 发电机冷却方式

在单项技术设计中，长江设计院对发电机冷却方式进行了专题研究，提交了《发电机冷却方式专题报告》，基于三峡电站水轮发电机组的具体情况，发电机采用全空冷和半水冷两种冷却方式都可。三峡左岸电站机组由国外工厂提供，应采用国外工厂的技术专长和制造经验，方能保证三峡左岸电站机组运行可靠，而国外各工厂都只具有某一种冷却方式的制造经验，基于上述因素，为发挥各制造厂的优势，招标文件中不规定冷却方式，在条件相同的情况下，拟优先选用全空冷方式，但不排斥采用半水冷方式。在厂房布置和附属设备配置上，按半水冷方式设计。

单项技术设计审查意见如下：

发电机冷却方式采用全空冷或半水冷（定子水内冷、转子空冷），在技术上都是可行的，国外都具有制造、运行经验。但从运行可靠性、国内合作生产、安装、检修和运行管理等各方面综合考虑，在技术、经济基本相同的条件下宜优先选用空冷方式。在技术设计阶段，厂房布置可预留水处理设备场地。建议对国外大机组两种冷却方式进行调查。

在水轮发电机组采购招标文件编制中，按照单项技术设计的方案，在采购招标文件中没有规定发电机的冷却方式，而是放开让各国外工厂根据自己的经验确定各自推荐的冷却方式。招标结果为三峡左岸电站14台机组发电机冷却方式均为半水冷，其中AKA联合体8台，VGS联合体6台。在右岸电站的12台水轮发电机组采购招标中，除哈电的4台为全空冷外，东电和ALSTOM各自承担的4台均为半水冷。三峡地下电站6台机组中哈电供货的2台为全空冷，ALSTOM供货的2台为半水冷，东电供货的2台为蒸发冷却。

（二）电站装机进度

在初步设计阶段，从可行并留有余地出发推荐左岸电站装机进度为“2-4-

4－4”（指首批建成投产 2 台，次年建成投产 4 台，第三年建成投产 4 台，第四年建成投产 4 台；本书指第 11 年投产 2 台，第 12～14 年每年各投产 4 台），1993 年 5 月经初步设计专家组审查通过。

单项技术设计阶段，结合《三峡二期工程土建施工及机电金属结构埋件安装招标文件》的编制，对电站装机进度进一步进行了研究，确定“4－4－4－2”方案。1998 年 2 月根据三峡左岸电站水轮发电机组招标供货的实际情况，长江设计院提交了《三峡左岸电站厂房施工和机组安装进度分析研究报告》，对机组部件进行了合理的布置，并对厂家供货进度进行了适当的调整。2000 年 4 月，根据机组供货厂家要求及对蜗壳进行打压的要求，提交了《三峡二期工程 82m 栈桥与闷头施工综合进度研究报告》。2000 年 9 月根据蜗壳打压浇筑混凝土的要求，提交了《三峡左岸电站保压加温浇筑蜗壳二期混凝土施工进度研究》，确保了三峡左岸电站机组安装进度按计划进行。2000 年在编制完成的《三峡左岸电站机电设备安装与调试招标文件》中根据左岸电站机电设备安装分标的具体情况，提出电站装机进度“5－4－4－1”方案并写入合同文件。

单项技术设计审查意见如下：

机组投产进度“2－4－4－4”方案是可以实现的；“4－4－4－2”方案困难更大，特别是第一批机组安装时没有经验，在设备到货、安装干扰、施工组织、调试和试运行等方面，都可能出现难以预见的问题。所以，投产计划按“2－4－4－4”方案考虑，“4－4－4－2”方案确有较大经济效益，应力争实现。

在左岸机电设备安装具体实施过程中，通过研究施工期设备安装临时通道、发电机转子安装临时工位、优化安装施工工艺等课题，实现了三峡左岸电站的“6－5－3”安装进度，比计划提前近 1 年时间。

在三峡右岸电站机电设备安装中，由于机组设备由 3 个厂家供货，安装的工作面多、交叉作业量大，为确保安装进度实现，长江设计院对安装场地和通道进行了专题研究，在右岸厂房左端头 4 号排沙孔段，设立了 1 个临时安装场地，增加了 2 个转子安装工位，三峡右岸电站 2007 年实现装机 7 台，2008 年全部安装投产。

（三）厂内起重设备

单项技术设计阶段结合三峡电站的具体情况，长江设计院对主厂房内各不同起吊方式、不同型式的起重设备（半门机、桥机）进行了分析研究，于 1994 年 5 月提交了《三峡水电站厂内起重设备方案报告》，推荐双层布置的桥式起重机方案，大桥机 [2 台 1200/200t（主钩/副钩）] 布置在上层，小桥机（2 台 100/32t）布置在下层。

单项技术设计审查意见如下：

桥机具有行走速度快，使用灵活安全方便，相互干扰少等优点，对实现装机进度“2-4-4-4”方案更为有利，专家一致倾向采用双层桥机（二大二小）方案，该方案即选为2台1200/200t单小车桥机，跨度33m和100/32t桥机，跨度33m，小桥机布置在1200/200t桥机上层。

1997年10月三峡水轮发电机组采购合同签订后，随着机组主要部件起吊重量的进一步落实，2001年桥机采购招标阶段，大桥机修改为1200/125t，跨度33.6m，小桥机修改为125/125t，跨度34m。

（四）电站接入系统及电气主接线

1. 供电范围

单项工程技术设计中，电站的供电范围为华中、华东及川东三个地区，与以前阶段不同的是川东地区不仅包括万县、涪陵两个地区，还包括重庆市和黔江地区。

1995年年底，国三峡委发办字〔1995〕35号文明确电站的供电范围为华中、华东和四川。

在2001年经国务院批准的三峡电能消纳方案（计基础〔2001〕980号）中，电站的供电范围为目前方案：华中、华东和广东，不再考虑川渝。

2. 输电方式与电压等级

在1992—1994年开展的三峡输电系统设计中，对纯直流和交直流混合送电方式又从技术经济各方面进行了综合比较。三峡电站向华东的送电方式，由原交直流混合方式改为推荐纯直流送电方式，在三峡左、右岸电厂各出1回±500kV输电能力为3000MW的双极直流线，1回落点苏南（常州），1回落点上海。三峡建委在国三峡委发办字〔1995〕35号文中批复：三峡工程送电华东采用纯直流方案，直流电压等级定为±500kV。首端换流站的站址在坝区外选择。

单项技术设计阶段三峡工程输变电系统设计报告审查意见如下：

向华东送电采用纯直流方案，即左、右岸电厂各出1回±500kV或±600kV直流线路，送电容量各为3000MW。建议考虑采用左、右岸直流输电线路的两极分别从左、右岸电厂的左一、左二和右一、右二500kV母线引出。

在2001年经国务院批准的三峡电能消纳方案（计基础〔2001〕980号）中，根据国家“西电东送”的战略规划确定三峡电站增加送电广东方向并采用纯直流方案，直流电压等级定为±500kV。首端换流站的站址定在荆州，三峡电站以 3 回 500kV 线路送到荆州。

（五）电站出线回路数

在各设计阶段三峡电站 500kV 交流出线都为 15 回，其中左岸 8 回，右岸 7 回，2001 年国务院决定三峡电站向广东送电后，15 回交流出线方向为：自左至右为 5 回、3 回、4 回、3 回，即左一 2 回至川东，3 回至左岸直流换流站；左二 3 回至荆州；右一 2 回至葛洲坝直流换流站，2 回至荆州；右二 3 回至右岸直流换流站。

单项技术设计审查意见为：同意设计中采用的交、直流出线电压等级、回路数和送电方案。

（六）电气主接线

长江设计院通过对三峡左岸电站电气主接线的方案及可靠性计算专题研究，确定左岸电站电气主接线为：发电机与主变压器的连接采用单元接线，变压器高压侧设置断路器，发电机电压侧不装设断路器，将两个单元组成联合单元的接线。左岸电厂高压侧采用一倍半接线方案，500kV 母线均设分段断路器，将母线分为两段，左一段装机 8 台，左二段装机 6 台；500kV 高压电气设备采用 GIS，进出线采用交叉引接的方式。

单项技术设计审查意见如下：

（1）同意发电机与变压器的连接采用联合单元接线，变压器高压侧设置断路器，发电机电压侧不装设断路器的接线方式。

（2）同意左、右岸电厂的 500kV 配电装置均采用一倍半接线方式。左、右岸电厂间不设直接电气联系。两厂的 500kV 母线均设分段断路器，将母线分为两段。

（3）同意左、右岸首端换流站与两岸电厂的交流 500kV 开关站相结合的接线方式。

在主要电气设备采购招标设计阶段，亦按上述方案实施。

（七）主要电气设备

1. 主变压器容量

三峡技设字〔1995〕242 号文中，确定发电机设置最大容量，经三峡建委第十九次办公会决定同意发电机增设最大容量为 840MVA，以改善水轮机在高水头时的运行工况。经三峡建委办公室组织审查核定，在变电站电气设备的结构型式和布置不做大改变的前提下，发电机功率因数为 0.9 时，最大容量为 840MVA。

由于发电机设置了最大容量，因此在单项技术设计中为了使主变压器容量与机组容量相适应，主变压器的额定容量修改为840MVA，并将主变压器阻抗电压由14%～16%修改为15%～17%，以限制短路电流在63kA以内，主变压器的其他参数同技术设计。

单项技术设计审查意见如下：

同意主变压器采用三相变压器，主变压器的冷却方式采用强油水冷和强油风冷都是可行的，在招标设计阶段确定。

在主变压器招标采购中，长江设计院对主变压器的冷却方式又进行了专题研究，并会同相关制造厂在葛洲坝水电站进行了冷却器的中间试验，结合试验结果和三峡主变压器布置位置的特殊性，推荐采用水冷方式。

2. 交流开关站的布置位置

为了适应向华东送电采用纯直流输电方式这一改变以及电力系统部门提出在左岸增加设置直流换流站的要求，长江设计院在初步设计工作的基础上，对三峡电站左右岸交流站与直流换流站相结合布置方案及相应的技术问题进行了研究，完成提交了专题报告《长江三峡水利枢纽500kV高压配电装置选型及布置和主变压器冷却方式的选择》，并在单项技术设计报告中推荐三峡左右岸电站的500kV交流开关站与左右岸直流换流站结合布置在枢纽内的开敞式方案。

1995年11月1日，三峡建委第五次会议作出了将直流换流站设在坝区外的决定。据此长江设计院对机电单项技术报告进行了修改，将500kV开关站由开敞式改为SF_6气体绝缘金属封闭开关设备（GIS），布置在电站上游厂坝间副厂房内，500kV架空出线从房顶出线塔至大坝与枢纽外的架空出线连接，同时也对继电保护、通信、计算机监控等做了相应修改，提出了单项技术设计专题修改报告。

（八）计算机监控系统

三峡左岸电站计算机监控系统，用于实现对三峡左岸电站水轮发电机组及辅助设备、500kV开关站、厂用电系统、电站公用系统及泄水闸的自动控制。在单项技术设计中长江设计院推荐三峡左岸电站按“无人值班、少人值守”设计。计算机监控系统采用分层分布式结构，由厂站层和现地控制单元层两部分组成，厂站层重要节点和现地控制单元主控制器采用冗余配置。左岸电站计算机监控系统采用两层网络，即用于连接厂站层和现地控制单元层的控制网和连接厂站层各节点的信息网，两层网络均为冗余配置。

单项技术设计审查意见如下：

（1）同意按整个梯级枢纽实现集中、统一优化调度管理以及电站按少人值班，逐步过渡到无人值班（少人值守）的原则进行设计。

（2）同意采用开放式分层分布系统。

在招标采购设计阶段即按上述方案实施。

（九）永久通信

三峡枢纽通信网络包括枢纽对外通信和枢纽内部通信两部分。在单项技术设计中，长江设计院根据当时的技术水平和设备性能，推荐三峡枢纽对外通信采用光纤、数字微波、电力载波及卫星通信等4种方式，通信制式采用PDH准同步数字体系，电力载波作为三峡电站与输电线路对端联系的重要通道。枢纽内部通信分为调度通信、行政通信、船闸及升船机通信3个功能子系统，采用线性电路连接各通信站点，通信制式采用PDH准同步数字体系。

单项技术设计审查意见如下：

（1）原则同意采用光纤、数字微波、电力载波及卫星通信等4种对外通信方式。

（2）同意枢纽内部通信划分为调度通信、行政通信、船闸及升船机通信3个功能子系统。

单项设计即使审查后，设计方案可根据通信技术的发展和设备的更新换代进行修改优化，2000年6月长江设计院完成提交了《三峡水利枢纽永久通信技术设计专题报告》，对通信方案做了较大的变更和修改：对三峡对外通信方案中光纤通信和微波通信确定了采用SDH同步数字体系，并对电力载波通道的数量做了变动。对枢纽内部通信提出了以三峡左岸电站、枢纽通信中心、西坝三峡总公司（原三峡集团公司总部所在地）等7个站点组建三峡至葛洲坝SDH光纤自愈保护环网，容量选择为2.5Gb/s，全网采用两纤复用段保护。

三、三峡工程机电单项技术设计和招标设计评估意见

通过三峡工程机电单项技术设计和招标设计，进一步确定了三峡工程机电设计方案和主要设备的参数和配置，为三峡电站的后期安全稳定运行提供了坚实的基础，实践证明单项技术设计和招标设计科学、合理、可靠。

第 四 章

水轮发电机组评估

水轮发电机组评估内容主要包括水轮机评估，发电机评估，励磁、调速器等辅机设备评估，机组制造、运输评估和机组适用分期蓄水方案评估。

一、水轮机

（一）水轮机型式和参数选择

1. 水轮机型式

三峡水利枢纽坝顶高程 185.00m，正常蓄水位 175.00m，总库容 393 亿 m^3，防洪库容 221.5 亿 m^3。受防洪限制水位和分期蓄水的影响，水轮机运行水头变化范围很大。最大运行水头 113m，额定水头 80.6m，加权平均水头 90.1m，最小水头 71m，初期发电最小水头 61m。最大水头与最小水头的比值（H_{max}/H_{min}）和额定水头的比值（H_{max}/H_r）都很大，分别达到 1.59 和 1.40。如此大的运行水头变幅在同类同容量水轮机的选型设计中属于首次。在充分论证和研究的基础上，三峡电站确定选用立式混流式水轮机。1999 年 11 月，三峡集团公司机电工程部下达了“三峡工程右岸电站水轮机参数研究任务书”，长江委会同哈电、东电对水轮发电机参数进行进一步优化设计研究，对不同额定水头的多个方案进行综合比选研究，从进一步提高水轮机高部分负荷区的运行稳定性出发，全面考虑工程的综合效益，2001 年 7 月将右岸电站和地下电站水轮机的额定水头修改为 85m 或 80.6m，机组额定转速可为 75r/min 或 71.4r/min。

基本评价：三峡机组各制造厂商的水轮机模型试验和电站十几年真机运行的实践表明，三峡电站的水轮机型式选择和确定的运行水头是正确的，机组运行稳定，性能良好。

2. 水轮机的特性和参数

（1）转轮直径。三峡电站实际转轮名义直径（出口直径）范围在 9421.88

～10248mm 之间，见表 4-1。

表 4-1　三峡电站转轮直径范围

电站名称	制造单位	转轮数/台	转轮名义直径（出口直径）/mm
左岸电站	VGS 联合体	6	9528.9
	AKA 联合体	8	9800.0
右岸电站	东电	4	9441.4
	ALSTOM	4	9600
	哈电	4	10248
地下电站	东电	2	9421.88
	ALSTOM	2	9600
	哈电	2	10248

三峡转轮直径的选择经过多轮论证研究，在《1958 年三峡枢纽水电机组容量初步论证》报告中对机组容量 1000MW、800MW、600MW、450MW、300MW 的转轮直径选择分别为 10800mm、9700mm、8400mm、7200mm、6000mm。在 1986 年对长江三峡工程进行重新可行性论证阶段，机电专家组从技术可行性考虑，推荐机组单机容量 680MW、水轮机额定水头 80.6m、转轮直径 9.5m、装机 26 台的方案，同时也指出了应进一步研究采用更大容量的机组方案。1992 年在三峡水利枢纽初步设计阶段，长江设计院以单机容量 680MW 为基础，进一步设计研究了 680MW、737MW、804MW 装机 26 台、24 台、22 台的方案。经多方面比选后认为：三峡电站采用单机容量 700MW 机组，制造难度虽有所增加但可行，相应配套主要电气设备制造可行，允许电站接入电力系统，又不改变枢纽总体布置，装机 26 台不变，单机容量由 680MW 增大到 700MW，左、右岸电站的装机容量由 17680MW 提高到 18200MW，多年平均发电量由 840 亿 kW·h 增至 847 亿 kW·h，经济上明显有利，推荐三峡电站水轮发电机组单机容量选用 700MW 方案。水利电力部邀请了参加机电设备可行性论证有关专家、电气设备制造专家，于 1993 年 3 月在哈尔滨召开增大单机容量会议，经讨论，与会专家一致同意将单机容量由 680MW 增大到 700MW。在此基础上，1993 年 4 月，长江设计院提出了《三峡水电站水轮发电机组容量研究补充报告》，推荐选用额定水头 80.6m 时，机组额定容量为 700MW，转轮直径约 9.85m，并作为初步设计报告的附件上报三峡建委审查。1993 年 7 月经三峡建委审查批准。

水轮机转轮直径取决于水力设计、结构设计和制造工艺等多方面因素，同时水轮机转轮直径选择还与水轮机制造难度、国内制造厂的技术改造以及转轮运输条件密切相关。工程论证阶段，通过大量的方案比较和国内外调研，确定转轮直径宜控制在10m左右。若采用更大直径，不但会增加制造、运输成本，还可能带来一定的技术风险。

基本评价：实践证明，三峡电站机组转轮直径选择合理，各制造厂商的转轮直径都基本控制在10m左右，与论证相符。

（2）比速系数。国内与三峡水头相近的隔河岩、江垭电站水轮机比速系数均为2350左右，运行基本良好。根据三峡水轮机论证结论，比速系数的范围应该在2200～2300之间。参与三峡水轮机研制的各厂家经过深入研究，均开发出了满足三峡电站运行条件、综合性能优良的水轮机，表4-2为三峡电站各厂家开发的水轮机比速系数比较。

表4-2　三峡电站各厂家开发的水轮机比速系数比较

项　目	论证值	AKA（左岸）	VGS（左岸）	ALSTOM（右岸）	哈电（右岸、地下）	东电（右岸、地下）
比速系数 K	2200～2300	2349	2349	2150	2258	2258

注　ALSTOM、哈电、东电三峡地下电站水轮机的比速系数与右岸电站基本相同。

从表4-2可见，三峡左岸、右岸、地下电站不同阶段设计的水轮机比速系数基本上在论证所给出的范围内。

基本评价：三峡水轮机比速系数的选取合理。

（3）水轮机出力。三峡水轮机的模型试验、现场相对效率试验以及实际运行都表明，几家制造厂商设计的水轮机真机都满足并优于合同保证值的出力要求。其中右岸东电和左岸VGS水轮机的出力裕度较大，机组的低水头超发能力更强，而右岸哈电水轮机的稳定运行范围较宽。

在水轮机研发中，几家制造厂商反复优化了水轮机的水力设计，并选取较大的设计水头，提高制造和安装质量，使水轮机在最高水头下的稳定运行负荷区间达到550～700MW，在额定水头时，稳定运行负荷区间为400～700MW。

三峡电站受防洪限制水位和分期蓄水的影响，运行水头变化很大，而汛期和枯水期基本上处于两个不同水头段运行。由于水轮机额定水头偏低，最大水头机组发700MW的导叶开度只有52%左右，在水轮机综合特性曲线上，该工况在最优工况左侧，离最优效率点有60L/s左右的差值，且负荷越小效率越低，水轮机进入尾水管低频压力脉动区，水力稳定性恶化。考虑到混流式水轮机的固有特性，以及枯水期高水头部分负荷偏离最优工况运行时间较长等因素，导叶开度可增大至63%左右，水轮机进入最优效率区，水力稳定性明显改善。为使水轮机在高水头部分负荷运行更稳定，确定发电机最大功率

756MW，对应的水轮机出力为767MW。当机组工作水头大于额定水头时机组有超发能力。

基本评价：三峡电站所有水轮机的出力均满足合同要求。电站实际运行表明，当水头超过额定水头一定值后，机组出力可以达到756MW。

（4）水轮机效率。提高三峡水轮机加权平均效率有利于提高电站水能利用率，三峡电站水轮机加权平均效率每提高1%，每年可多发电约8亿kW·h。三峡水轮机论证阶段提出，水轮机模型最优效率可按93%考虑，并要求三峡水轮机具有较宽的高效率区，以便取得更大经济效益。在三峡工程实践中，各厂家在关注水轮机稳定性的同时，对提高水轮机效率进行了大量的研究以提升效率水平。从表4-3可见，三峡电站实际的水轮机模型最优效率较论证阶段的期望值高出1.5%以上，真机最优效率和加权平均效率都有了很大程度的提高。现场实测的水轮机相对效率曲线也表明了此点，实测的水轮机相对效率曲线与厂家设计预期的效率曲线趋势基本一致。

表4-3 三峡电站机组水轮机最优效率

机组	模型最优效率/%		真机换算最优效率/%	
	合同保证值	验收试验值	合同保证值	验收试验值
左岸VGS机组	94.35	95.26	96.26	96.79
左岸AKA机组	94.51	94.61	96.26	96.36
右岸哈电机组	94.61	94.64	96.34	96.39
右岸东电机组	94.52	94.59	96.26	96.36
右岸ALSTOM机组	94.93	95.06	96.50	96.58
地下哈电机组	94.42	94.45	96.14	96.29
地下东电机组	94.72	94.75	96.42	96.46
地下ALSTOM机组	94.93	94.75	96.50	96.58

基本评价：在三峡水轮机论证阶段，提出的水轮机模型最优效率按93%开展研究是合理的，最终开发出的水轮机模型最优效率达到国际先进水平。

（5）水轮机运行稳定性。从三峡电站机电设备论证到机组的招标采购，始终把机组稳定性放在首位，并采取了多项技术措施以确保三峡机组的安全稳定运行。这些措施如下：

1）采取较宽松的机组控制尺寸，如尾水管高度取$3D_1$，长度取$5D_1$，均大于混流式水轮机的常规推荐值。

2）选定接近最高水头的设计水头。

3）优化水轮机的水力性能，采用优化的叶片翼栅，将叶片头部正背面的脱流空化线、叶道涡线排除在正常运行范围以外。

4）在招标文件中对水轮机运行区域进行分区，详细规定不同运行区域的压力脉动允许值。

5）右岸和地下电站提高设计水头到85m以上。

6）设置发电机最大容量为840MVA，以扩大高水头区域的稳定运行范围。

7）设置水轮机大轴中心孔自然补气和顶盖、底环强迫补气系统。

8）转轮铸件采用高强度、高塑性的超低碳精炼马氏体不锈钢，叶片采用数控加工，转轮焊接采用同材质马氏体焊接材料，焊后以最佳的热处理工艺进行整体炉内去应力处理，降低焊接残余应力。

9）组织对国内已投运的大型混流式水轮发电机组的运行稳定性调研，提出保证机组稳定运行的措施。选择与三峡运行水头和转轮相近的电站，进行了中间机组验证试验。

10）三峡电厂通过对各台机组进行真机稳定性试验（振动、摆度、压力脉动、动应力实测），确定了机组的稳定运行区、限制运行区、禁止运行区、空载运行区，为合理避振运行提供依据。机组严格控制在设计的稳定区域运行。

各厂商开发的转轮压力脉动指标均达到了国际先进水平。自2003年首台机组投产发电以来，左、右岸和地下厂房32台机组运行稳定性良好，机组能够满发、超发，水轮机转轮没有发生裂纹。运行实践表明，三峡电站水轮机运行区域的分区及各分区规定的压力脉动幅值是合理的，制造厂商和电厂采取的多种有利于水轮机运行稳定性的措施是有效的，为保证机组稳定运行起到了重要作用。表4-4、表4-5给出了三峡水库145.00m、156.00m、165.00m、175.00m四个特征水位下（尾水位按65.00m考虑）各不同厂家研制的水电机组对应的稳定运行范围。

表4-4　三峡电站机组在四个特征水位下的稳定运行区

库水位/m	尾水位/m	毛水头/m	左岸VGS机组/MW	左岸AKA机组/MW	右岸东电机组/MW	右岸ALSTOM机组/MW	右岸哈电机组/MW
145.00	65.00	80	435～700	470～700	420～675	460～700	415～650
156.00	65.00	91	490～700	530～700	485～700	515～700	485～700
165.00	65.00	100	535～700	580～700	540～700	560～700	540～700
175.00	65.00	110	620～756	600～756	620～756	605～756	580～756

表 4-5　三峡电源电站机组在四个特征水位下的稳定运行区

库水位/m	尾水位/m	毛水头/m	电源电站机组/MW
145.00	65.00	80	23～41
156.00	65.00	91	26～50
165.00	65.00	100	28～50
175.00	65.00	110	31～50

基本评价：三峡工程强调重视机组稳定性是完全正确的。科研、设计制造、安装运行采取了许多有效措施，机组运行收到良好效果；各水轮机生产厂家生产的水轮机整体稳定性良好，满足电站安全稳定要求；机组运行稳定性从左岸到右岸、地下电站逐步提高。

（6）空化性能。三峡电站不同厂家设计的 8 种水轮机（共 32 台），都通过了 CFD 优化分析和模型试验验证，具有优良的空化性能。电站吸出高度的确定参考了模型水轮机的初生空化系数。所有转轮均采用全不锈钢铸焊结构、叶片全方位数控加工转轮，精心制造，精心安装，科学运行管理。自首台机组投运以来，都表现出良好的空化性能，过流部件没有或几乎没有发生空蚀破坏。

基本评价：三峡电站水轮机空化性能优良。

（7）泥沙磨损。三峡电站机电设备论证和随后的可行性研究指出：电站汛期会有一定量的泥沙过机，因此水轮机应采取抗空蚀和磨损的可靠措施，以减少空蚀和磨损破坏；三峡机组台数多，必须避免频繁检修，要求大修间隔不少于 10 年。

为了减少电站汛期泥沙过机对水轮机造成的空蚀和磨损，三峡工程从水利枢纽布置、水轮机设计制造加工以及运行管理等多方面开展工作。这些有效措施包括以下内容：①在枢纽布置上设置了有效的冲、排沙设施以减小过机泥沙；②水轮机制造厂商利用先进的 CFD 设计技术优化水轮机水力设计，使导叶、转轮流道内的流速尽可能均匀，并控制相对流速在允许范围内，以降低泥沙对水轮机的磨损、提高水轮机空化性能；③转轮及其他过流部件采用抗空蚀、抗磨损性能的不锈钢材料；④重视水轮机的结构设计细节，避免局部脱流发生；⑤提高过流部件的表面加工质量；⑥三峡电站汛期选择合理运行区间。

三峡工程建设后，随着长江上游及其支流多座大型水利枢纽的建设以及上游生态建设减少了水土流失，使得三峡电站水轮机的过机泥沙含量比设计预期更为有利。

三峡左岸 1～6 号机均于 2003 年年内投产发电，迄今已安全运行超过 10 年，没有进行过大修。泥沙磨损方面，三峡电站 32 台 700MW 水轮机运行至今，尚未见到明显的磨损痕迹。

基本评价：三峡左岸为减小水轮机泥沙磨损所采取的综合措施是科学合理的，运行效果良好。

（8）混流式水轮机超过额定水头运行时的超发性能及与发电机的匹配。三峡电站运行水头变幅大，而汛期和枯水期基本上在两个不同水头段运行，最大水头与额定水头比值偏大。考虑到混流式水轮机的固有特性，以及枯水期高水头部分负荷偏离最优工况运行时间较长等因素，为使水轮机在高水头部分负荷运行更可靠、更稳定，技术设计阶段确定发电机最大功率为756MW，对应水轮机出力为767MW（比额定功率增大8%）。这样当机组工作水头大于额定水头时机组有超发能力，且水轮机进入最优效率区，水力稳定性明显改善。

基本评价：三峡水轮机运行水头变幅大，为确保三峡机组在高水头工况的水力稳定性，国内外制造厂商设计、制造的32台发电机都是按能长期稳定出力756MW设计制造的。电站试验表明，当运行水头超过额定水头一定值后，机组出力可以达到756MW，且运行稳定。

（9）三峡电站水轮机参数整体评价。三峡电站自左岸首台水轮发电机组正式投运至今，全部机组安全稳定运行。机组经受了不同水头段、不同负荷及各种复杂工况的考验，机组表现出了良好的稳定性，证明机组水轮机的主要参数选择是正确的，能够保证机组的安全稳定运行，三峡电站水轮机主要性能参数见表4-6～表4-8。

表4-6　　三峡左岸电站水轮机主要性能参数

项目		单位	VGS水轮机参数	AKA水轮机参数
型式			竖轴，单转轮混流式	竖轴，单转轮混流式
台数		台	6	8
转轮名义直径（出口直径）		mm	9528.9	9800.0
运行水头	最大水头	m	113.0	113.0
	额定水头	m	80.6	80.6
	最小水头	m	61.0	61.0
额定出力		MW	710	710
额定流量		m^3/s	995.6	991.8
最大连续运行出力		MW	767.0	767.0
相应发电机 $\cos\phi=1$ 时的水轮机最大出力		MW	852	852
额定转速		r/min	75	75
比转速		m·kW	261.7	261.7

续表

项　目	单位	VGS 水轮机参数	AKA 水轮机参数
比速系数		2349	2349
吸出高度	m	−5	−5
装机高程	m	57.00	57.00
旋转方向		俯视顺时针旋转	俯视顺时针旋转
蜗壳型式		金属蜗壳	金属蜗壳
尾水管型式		弯肘型	弯肘型

表 4-7　三峡右岸电站水轮机主要性能参数

项　目		单位	东电参数	ALSTOM 参数	哈电参数
型式			竖轴混流式	竖轴混流式	竖轴混流式
台数		台	4	4	4
转轮名义直径（出口直径）		mm	9441.4	9600	10248
运行水头	最大水头	m	113.0	113.0	113.0
	额定水头	m	85.0	85.0	85.0
	最小水头	m	61.0	61.0	61.0
额定出力		MW	710	710	710
额定流量		m^3/s	941.27	991.8	982.15
最大连续运行出力		MW	767.0	767.0	767.0
额定转速		r/min	75	71.4	75
比转速		m·kW	244.86	233.2	244.86
比速系数			2257.5	2150	2257.5
吸出高度		m	−5	−5	−5
装机高程		m	57.0	57.0	57.0
旋转方向			俯视顺时针旋转	俯视顺时针旋转	俯视顺时针旋转
蜗壳型式			金属蜗壳	金属蜗壳	金属蜗壳
尾水管型式			弯肘型	弯肘型	弯肘型

表 4-8　三峡地下电站水轮机主要性能参数

项　目	单位	东电参数	ALSTOM 参数	哈电参数
型式		竖轴混流式	竖轴混流式	竖轴混流式
台数	台	2	2	2
转轮名义直径（出口直径）	mm	9421.88	9600.00	10248.00

续表

项目		单位	东电参数	ALSTOM 参数	哈电参数
运行水头	最大水头	m	113.0	113.0	113.0
	额定水头	m	85.0	85.0	85.0
	最小水头	m	71.0	71.0	71.0
额定出力		MW	710	710	710
额定流量		m^3/s	941.27	991.8	982.15
最大连续运行出力		MW	767.0	767.0	767.0
额定转速		r/min	75	71.4	75
吸出高度		m	−5	−5	−5
装机高程		m	57.0	57.0	57.0
旋转方向			俯视顺时针旋转	俯视顺时针旋转	俯视顺时针旋转
蜗壳型式			金属蜗壳	金属蜗壳	金属蜗壳
尾水管型式			弯肘型	弯肘型	弯肘型

基本评价：经过10余年来的运行考核，证明三峡水轮机主要参数的选取是科学、合理、可靠的，能够保证机组的安全稳定运行。三峡电站右岸和地下电站水轮机综合性能指标总体上优于三峡左岸。国内哈电、东电通过三峡右岸和地下电站水轮机的自主设计制造，使我国水轮机的总体技术能力达到国际先进水平。

（二）水轮发电机组的调节保证计算和设计

调节保证计算是考核引水系统包括巨型混流式水轮发电机组能否安全运行的关键技术之一，计算结果直接关系着电站能否安全运行。为了避免机组在过渡工况出现危害电站安全稳定运行问题，各厂家均进行了全模拟模型试验，根据水力试验台进行的全模拟水轮机模型试验结果，使用计算软件对三峡不同布置形式的所有电站机组各种不同甩负荷过渡过程工况进行了计算机仿真分析计算。根据计算结果确定了调速系统合理的分段关闭规律。计算结果和真机甩最大负荷试验结果吻合，转速上升、压力上升及尾水管真空度均满足规范要求。从2003年7月三峡电站首台机组投产至今，三峡电站共32台机组在运行中经历了多次机组甩负荷过渡过程的考验，未出现任何安全问题。表4-9给出了三峡电站部分机组甩最大负荷试验时记录的转速上升和蜗壳压力上升数据，验证了调节保证计算的正确性。

基本评价：过渡过程分析的结果是正确的，现场过渡过程试验的结果满足设计要求。

表 4-9 三峡电站部分机组甩最大负荷试验时测量数据

机组号	水位/m	出力/MW	转速上升/%	蜗壳压力上升/%
6号	175.00	756.0	37.94	14.14
8号	175.00	756.0	40.40	19.16
16号	174.80	754.4	41.10	14.40
21号	174.80	756.0	39.32	14.55
26号	174.80	754.5	47.20	15.00
30号	175.00	756.0	42.17	21.32
31号	175.00	756.0	41.7	23.23

（三）水轮机的结构型式

三峡左岸电站水轮机由AKA联合体和VGS联合体两大集团研制。右岸及地下电站水轮机由哈电、东电、ALSTOM公司研制，均为低转速、中水头、巨型混流式水轮机，结构型式为竖轴，全金属蜗壳，弯肘型尾水管，旋转方向为俯视顺时针，用微机电液调速器控制机组运行。水轮发电机组采用半伞式结构，两根轴3导支撑，水轮机主轴与发电机主轴直接连接。水轮机主要包括转动部分、导水机构部分、埋入部分和布置部分，其中转动部分包括转轮、主轴、联轴装配、水导轴承、主轴密封和主轴中心孔补气等部套，导水机构部分包括底环、导叶、顶盖、控制环、导水零件和接力器等部套，埋入部分包括尾水管、尾水管基础、基础环、座环、蜗壳、机坑里衬等部套，布置部分包括油、水、气管路、地板扶梯、环行吊车等部套。水轮发电机组总体结构见图4-1。

1. 转轮

三峡水轮机转轮结构设计经过反复的结构优化、刚强度计算、疲劳计算和动态特性分析，使其具有良好的刚强度性能、抗裂性能、动态特性及寿命，转轮在水中的固有频率很好地避开了机组的激振频率，叶片的水中固有频率避开了叶片出水边的卡门涡频率，降低了转轮裂纹及机组共振的发生概率，延长机组寿命。

三峡电站水轮机转轮采用不锈钢ASTM A743 Gr.CA-6NM或ZG06Cr13Ni4Mo材料铸焊结构，其中叶片采用VOD精炼方法铸造，数控加工；上冠采用整体铸造结构，下环为分瓣铸焊结构，数控加工。转轮最大外径10m左右，转轮总高度5.2m左右。大部分转轮，其上冠、下环和叶片在制造厂装配焊接成整体转轮，经精加工和静平衡试验后运至工地，而三峡右岸电站和地下电站中的6台转轮则是在三峡工地装配焊接成整体转轮，经加工和静平

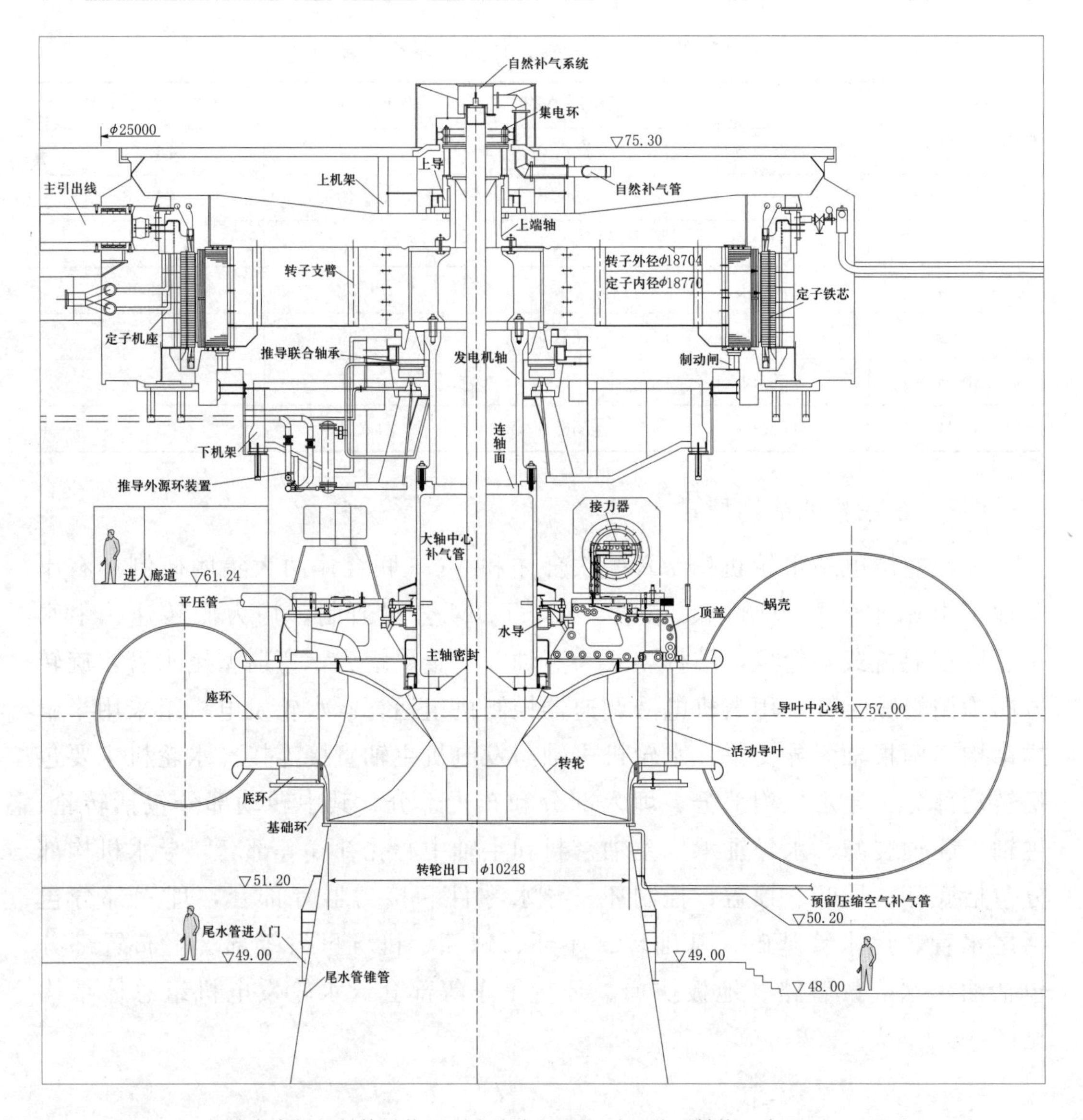

图 4-1 水轮发电机组总体结构图（右岸电站 HEC 机组）（单位：高程，m；尺寸，mm）

衡后，直接运至电站厂房。

转动止漏环为不锈钢钢板焊接结构，采用热套的方式固定在转轮上冠与下环上。

2. 主轴及联轴装配

VGS 联合体和东电研制的机组主轴采用中空锻焊结构。主轴的水轮机端法兰为半法兰结构，电机端法兰为内法兰结构，两法兰及两段轴身分别锻造后，利用全自动窄间隙焊机焊成整体。主轴与转轮采用螺栓连接，销套传递扭矩；螺栓与销套材料为高强度合金钢锻件。主轴与发电机轴采用销栓连接并传递扭矩。

AKA 联合体和哈电研制的机组主轴为内法兰、超薄壁、锻板焊结构，即两端法兰为锻件，轴身由钢板卷制，分段半精加工后，用全自动窄间隙焊机焊成整体。主轴轴身在对应水导轴承支撑位置，设有环肋以增强轴身刚度。主轴精加工由数控重载卧车和镗床完成。

主轴与发电机轴采用螺栓连接，采用销套传递扭矩，螺栓与销套材料均为高强度合金钢锻件，螺栓采用液压拉伸器预紧，主轴与发电机轴的联轴孔在工地进行同镗。主轴与转轮采用螺栓连接，螺栓为高强度合金钢锻件，采用液压拉伸器预紧，主轴与转轮的联轴孔采用经数控加工的镗模加工，保证了联轴孔的形位精度。

3. 导水机构

导水机构包括顶盖、导叶、底环、控制环和导叶传动零件。

（1）顶盖。顶盖为钢板焊接结构，具有足够的强度和刚度，能安全可靠地承受最大水压力（包括水锤压力）、侧向推力和所有其他作用在它上面的力。顶盖分为 4 瓣，分半面采用螺栓把合，偏心销定位的方式。顶盖上与导叶对应的过流面设有 20mm 厚的可更换的不锈钢抗磨板，抗磨板通过特殊螺栓把合在顶盖上。为增加导叶端面封水性能，在顶盖与导叶关闭位置端面接触处设有分段压板式的、可压移的铜条密封，铜条下面设有中硬橡胶弹性块。顶盖与转轮上冠相对应处设有不锈钢上固定止漏环，上固定止漏环采用焊接的方式固定到顶盖上。顶盖上设有用于测量转轮与导叶之间及转轮与顶盖之间的压力测点。顶盖上设有减压管以减小作用于转轮上冠上的水压力，从而减小机组的推力负荷。顶盖上设有预留的强迫补气孔和补气管路，补气孔用堵头堵死，补气管引至下游副厂房。顶盖在工地通过螺栓和销子把合在座环上。

（2）导叶。导叶采用不锈钢铸焊结构（东电采用整体电渣熔铸），上下轴头为不锈钢电渣熔铸，导叶瓣体采用不锈钢钢板。导叶为 3 支点轴承结构，均采用从德国进口的 DEVA－BM 自润滑轴承。导叶上部设有止推轴承，防止导叶上浮。导叶的上下端面间隙通过导叶上部的抗重螺栓和调整垫片进行调整。导叶最大开口留有裕量，顶盖上设有导叶限位块，保证了导叶处于失控时不会碰到转轮、固定导叶和相邻的活动导叶。导叶中、下轴颈通过顶盖和底环处采用进口 U 型唇式橡胶密封结构。导叶端面密封为分段压板式的可压移的铜条密封，铜条下面设有中硬橡胶弹性块。导叶立面密封采用金属密封，为使导叶在全关位置漏水量减至最小，按导叶在全关位置的变形分布，导叶立面出水边一端密封设计为斜面结构。

（3）底环。底环为钢板焊接结构，具有足够的强度和刚度。底环分为 4 瓣，分半面采用螺栓把合，偏心销定位的方式。底环与导叶对应的过流面设有

20mm厚的可更换的不锈钢抗磨板，抗磨板通过特殊螺栓把合在底环上；为增加导叶端面封水性能，底环在与导叶关闭位置端面接触处设有分段压板式的可压移的铜条密封，铜条下面设有中硬橡胶弹性块。底环与转轮下环相对应处设有不锈钢下固定止漏环，下固定止漏环采用焊接的方式固定在底环上。底环上设有预留的强迫补气孔和补气管路，补气孔用堵头堵死，补气的供给是通过基础环下部的补气管进行，补气管埋入混凝土中引至下游副厂房。底环在工地通过螺栓和销子把合在基础环上，底环的调平通过配车设在底环与基础环间的垫片来实现。

(4) 控制环。控制环的作用是把接力器的操作力和力矩同时均匀地分配给所有导叶。控制环采用钢板焊接结构，分两瓣制造，分半面采用螺栓把合，偏心销定位的方式。控制环的内侧面和底面分别设有分块的自润滑导向瓦块与顶盖上的不锈钢导向面接触。为防止控制环上、下跳动，设有控制环止推压板。

(5) 导叶传动零件。导叶传动零件每台24组，每组包括上套筒装配、中套筒装配、导叶臂、连接板、端盖、锥销及销套、连杆销、偏心销、剪断销(左岸AKA联合体采用拉伸破断杆)、上下连杆、导叶和控制环止推压板等，其作用是传递控制环对导叶开关的控制。导叶中、上套筒为整铸结构，包括导叶上轴套、中轴套、止推环、轴径密封等。导叶臂为整铸结构，与导叶同钻铰锥销套孔。上下连杆装配时，利用垫片实配调整水平，利用偏心销来调整加工和装配中的累积误差，偏心销的偏心调整量为8mm。每组传动机构中均设有剪断销，其作用是当相邻导叶间有异物卡住时，随着该组传动零件受力增大，剪断销将被剪断，从而保护传动零件避免过载破坏。连接板中设有摩擦环，当剪断销剪断后，摩擦环作用于导叶臂上的摩擦力矩将大于水力矩，使导叶不会在水流中来回漂摆。每个导叶均设置坚硬的全开限位块和全关限位挡销。当剪断销剪断后，导叶也不会碰到转轮、固定导叶及相邻导叶。全开限位块焊在顶盖上，限位块上镶有减震垫；全关限位挡销设置在连接板上。

4. 接力器

接力器设置于水轮机机坑内，型式为油压操作、双导向直缸接力器。操作接力器的压力油由调速系统的油压装置供给，在最低操作油压情况下，接力器的容量可满足导叶承受最大水力矩时，在规定的时间内驱动导叶全关和全开一次的需要。

接力器通过导叶操作机构来操作导叶。接力器设置于水轮机机坑内的凹坑内，支承在经加工的支座板上，支座板与机坑里衬形成整体，并能承受双向的最大反作用力。操作接力器的压力油将由调速系统的油压装置供给，额定工作油压为6.3MPa。接力器设计成在关闭方向有少量的压紧行程以对关闭的导叶施加一个压紧力。在最低操作油压情况下，接力器的容量仍可满足导叶承受最大水力矩时，在规定的时间内驱动导叶全关和全开的需要。接力器缸和缸盖采用锻钢制造，活塞采用球墨铸铁铸造，活塞杆采用不锈钢锻造，表面镀铬后抛光。活塞环采用进口 PTFE 复合密封材料，截面为矩形的密封圈，内衬垫 O 型橡胶密封圈的结构，可使接力器内串油减至最小。接力器在全关位置侧设有缓冲截流装置，截流装置为可调节，可以调节关闭速度。接力器设有锁锭装置，其中一只在导叶全关位置设有液压操作自动锁锭装置，锁锭装置上设有限位开关在锁锭装置完全投入或脱开时动作；另一只在导叶全开位置设有手动操作机械锁锭。

5. 水导轴承

水导轴承为分块瓦型式，外置冷却器，采用外加泵强制油路循环。轴瓦通过转向节、支撑块、斜楔等进行支撑、调整，轴瓦与轴身单边径向设计间隙为 0.3mm。报警油温 55℃，报警瓦温 65℃，停机瓦温 70℃。

导轴承采用稀油润滑、巴氏合金表面的分块瓦。轴瓦数量为 12 块，由轴承支架、轴瓦、轴瓦支承、上油箱、下油箱、油箱盖、迷宫环、甩环和附件组成。把合在顶盖上的轴承支架在工地定心后用销固定在顶盖上。轴承支架整体为焊接结构，轴承支架承受由轴瓦通过球形铰链传递的径向力，轴承支架上安装有上、下油箱以及迷宫环。轴瓦材料为锻钢，表面浇注巴氏合金。轴承采用斜楔调整瓦块，与抗重螺杆调整瓦块相比，具有坚固、耐用，加工和调整方便的优点，而且轴承间隙调好后，能保持稳定不松动。轴承油箱由上油箱和下油箱、油箱盖以及设置在顶盖内的油箱组成，均为钢板焊接结构。上油箱内装有润滑轴瓦所需的润滑油，多余的油通过重力经过溢流管流到顶盖内的油箱内。下油箱设有迷宫环，从迷宫环漏出的油流到下油箱并通过重力经过漏油管流到顶盖内的油箱。上油箱盖设有双密封以防止油和油雾渗漏。

用于外循环的两台油泵设置在顶盖内，互为备用，在机坑里衬的凹坑内设有 3 个油冷却器，2 个主用，1 个备用。顶盖内油箱的油通过油泵并经过油冷却器和油过滤器注到轴瓦中，大部分油至上油箱通过溢流管流回顶盖内油箱，少部分油通过轴瓦间隙流至下油箱，通过漏油管流回顶盖内油箱。冷却器采用由电站提供的冷却水进行冷却，具有足够的冷却容量。冷却器按最高冷却水温不大于 28℃ 进行设计选型。冷却器设计的工作压力为 0.5MPa，并满足 0.75MPa 的试验压力要求，通过冷却器的压力降低不超过 0.05MPa。冷却器管路采用铜镍合金材料，管路内径不小于 20mm。导轴承油系统有足够的热容量，能在冷却水中断的情况下，运行 30min 而不损坏轴瓦。

轴承上油箱和顶盖内油箱上装有油位信号装置和油位开关，下油箱上设有油混水报警装置，当油位过高或过低及在润滑油中的含水量超过规定时，发出报警信号。轴瓦内和油槽中还设置测温装置，油槽内设摆度探测器。

6. 主轴密封

主轴密封由工作密封和检修密封构成。工作密封为自平衡式静压轴向端面密封，检修密封为充气式空气围带密封。轴向端面密封由移动环、密封环、抗磨环、密封箱、上盖等组成。密封环采用具有优良抗磨性能的高分子材料制成。通过合理调整通入密封面内的水压值，控制密封间隙，推荐运行密封间隙为0.07～0.09mm，对应计算泄漏量为130～160L/min。密封供水总管上设有压力传感器及自动滤水器。

检修密封设置在工作密封下方，其作用是在机组停机时，防止水进入顶盖。检修密封为充气橡胶围带式，充气压力为0.5～0.8MPa。

7. 埋入部分

（1）尾水锥管。尾水锥管里衬为钢板焊接结构，里衬外侧用筋板（包括立筋和环筋）加强，并提供适量的锚固件。在尾水锥管里衬上部，设有1500mm长的不锈钢段，下段衬料为普通碳钢。尾水锥管里衬与基础环的连接在工地焊接。在尾水管锥管段设置2个对称的进人门，在进人门下面设置1个小型旋塞，用于检查进人门处是否有积水。在尾水锥管中设置有不锈钢材料的压力测嘴，分别用于测量压力脉动及转轮出口压力。尾水管压力脉动测点位置与模型上的测点位置相对应。

（2）基础环。基础环为钢板焊接结构，分为两瓣，分半面在工地采用销螺栓把合后焊接成整体。基础环按永久埋入混凝土中设计，采用外加肋板来增加刚度，防止变形，并锚定在混凝土中，保证基础环上的荷载可靠地传至混凝土基础。基础环支撑在10个支撑座上，用调整螺栓调整水平。基础环上设有压力灌浆孔和排气孔，在浇筑完混凝土后进行封堵。基础环在工地与座环采用焊接方式连接，在工地局部加工与底环相把合的平面以及把合螺孔和定位销孔。基础环设有转轮支承平面，能够支承水轮机与发电机脱开时转轮和主轴的重量。该支承平面与转轮之间有40mm间隙，允许转轮轴向移动，并能清扫主轴连接法兰止口。基础环上还预留有强迫补气的管口。

（3）座环。座环能够承受作用在其上的包括发电机重量和水轮机上部蜗壳重量在内的机械荷重和土建结构荷重等的重叠垂直负荷，下部设有支持垂直载荷的混凝土基础墩。

座环采用平行式带过渡段、导流环的钢板焊接结构，根据运输和装卸条件座环分瓣制作。座环上、下环板采用优质的抗撕裂钢板制成，固定导叶采用锻钢或钢板制造而成。蜗壳尾部、大舌板以及过渡段均在厂内焊在座环上，并与座环一起在厂内进行退火；分瓣件在消除内应力后，合缝组合面进行精加工开出焊接坡口，并配有临时连接法兰和定位销，座环在工厂整体预装。座环在工地通过螺栓把合后组焊成整体，合缝面采用全强度焊接。

为了校正座环在现场组装、焊接和浇筑混凝土后产生的变形，座环与顶盖、底环连接的法兰采用在工地局部加工和局部加垫调整方式。

（4）蜗壳。蜗壳按单独承受最大内压（含水锤压力）进行设计。蜗壳采用高强度合金钢钢板焊接结构。为了方便进行工地安装，设置了 3 个凑合节以保证蜗壳能同时进行 4 个工作面的作业，其中一个凑合节在蜗壳进口。凑合节具有 200mm 的工地切割余量。在蜗壳第二象限设置 1 个 ϕ800mm 的外开铰接式进人门，进人门的内表面与蜗壳的内表面平齐。经有限元计算，蜗壳进门盖与门座均满足强度要求。进人门法兰上钻有用于顶开进人门的顶起螺栓孔，还设置检查蜗壳内有无积水的试水阀。

蜗壳进口直径 12.4m，蜗壳钢板采用 600MPa 级的高强度材料，最大厚度 70mm 左右。单台重量 700t 左右。

蜗壳埋设方式采用了保温保压浇筑、铺设弹性垫层及直埋蜗壳 3 种埋设方式，均安全可靠。

（5）机坑里衬。机坑里衬为钢板焊接结构，钢板厚度为 20mm，外侧用肋板加固，从座环到发电机下风洞盖板之间全部衬满，机坑里衬允许顶盖整体吊入和吊出。机坑里衬上设置有放置水导外加泵外循环冷却器及用于安装照明灯具的凹坑，还设有连接管路的管口。水轮机机坑内设有工作和检查用的防滑花纹钢地板、过道、平台以及楼梯爬梯和扶手，栏杆和扶手采用不锈钢管，所有的机坑过道、平台、楼梯和机坑内的设施易于拆卸和便于移动，满足水轮机检修的需要。在水轮机机坑内（包括接力器坑）设有 1 套完整的正常和事故照明系统。照明系统有足够数量的照明灯具。

8. 主轴中心孔补气

为了保证水轮机在导叶部分开启工况下的稳定运行，水轮机设有主轴中心孔补气装置。补气阀设置在发电机顶轴上端，补气阀为常开式，在安装时通过调整弹簧使其依靠自身重量开启，当需要补气时，补气阀继续开启；当尾水上来后，补气阀依靠弹簧力和浮力上升至全关，并通过水压实现密封。补气阀设有减振缸，可以通过调整设置在减振缸上喷油嘴的拧入深度来控制缓冲速度。主轴中心孔补气装置设有两根补气管接至下游尾水平台，还设有一根排水管接至下游排水总管。设置在发电机轴和水轮机轴内的 ϕ820mm×10mm 的补气管一直延伸至转轮泄水锥中部，以实现气水分离，增加补气的效果。

基本评价：2003年7月三峡首台机组投产以来，机组运行安全稳定，充分证明机组水轮机结构型式选择正确，机组结构设计合理，刚强度计算分析方法先进可靠，能够保证机组安全稳定运行。

二、水轮发电机

（一）发电机参数选择

三峡电站水轮发电机主要参数包括额定电压、转速、功率因数、直轴瞬态电抗和短路比、飞轮力矩以及效率等，这些参数的选取对发电机的稳定运行以及技术经济指标有直接影响。

三峡电站发电机参数选择的基本原则是：①满足安全可靠稳定运行；②既要体现技术的先进性，又要体现经济的合理性；③满足三峡电站调峰、进相等运行方式的要求；④满足引水发电系统调节保证计算及电力系统稳定运行的要求；⑤参数配合要达到综合最优；⑥结构合理，便于运行维护。

1. 发电机的主要参数

三峡电站水轮发电机主要技术参数及制造企业见表4-10。

表4-10　　三峡电站水轮发电机主要技术参数及制造企业

项　目	单位	左岸电站		右岸电站			右岸地下电站		
		1～3号、7～9号	4～6号、10～14号	15～18号	19～22号	23～26号	27号、28号	29号、30号	31号、32号
型式		立轴半伞式、凸机同步发电机							
冷却方式		定子水内冷		定子水内冷	定子水内冷	全空冷	定子蒸发冷却	定子水内冷	全空冷
额定功率	MW	700		700	700	700	700	700	700
额定容量	MVA	777.8		777.8	777.8	777.8	777.8	777.8	777.8
最大功率	MW	756		756	756	756	756	756	756
最大容量	MVA	840		840	840	840	840	840	840
最大容量时进相容量	Mvar	366		366	366	366	366	366	366
额定电压	kV	20		20	20	20	20	20	20
最大容量时电流	A	24249		24249	24249	24249	24249	24249	24249
最大容量时功率因数		0.9		0.9	0.9	0.9	0.9	0.9	0.9
额定频率	Hz	50		50	50	50	50	50	50
额定转速	r/min	75		75	71.43	75	75	71.43	75
飞逸转速	r/min	150		150	143	150	150	143	150

续表

项　　目	单位	左岸电站		右岸电站			右岸地下电站		
		1~3号、7~9号	4~6号、10~14号	15~18号	19~22号	23~26号	27号、28号	29号、30号	31号、32号
飞轮力矩（GD^2）	t·m²	450000		450000			450000		
定子绕组温度	K	65	65	65	65	—	68	65	—
定子铁芯温度	K	60	60	60	60	70	60	60	60
励磁绕组温升	K	75	85	75	75	80	75	75	75
最大容量时效率	%	98.74	98.76	98.74	98.83	98.74	98.74	98.83	98.74
加权平均效率	%	98.75	98.76	98.75	98.82	98.69	98.72	98.81	98.68
转子重量	t	1710	1777.5	1735	1850	1851	1735	1850	1784
供货商		VGS	AKA	东电	ALSTOM	哈电	东电	ALSTOM	哈电

注　发电机按最大容量840MVA设计，表中列出的温升等参数均为840MVA下的值。

（1）额定电压。发电机的额定电压对发电机和主变压器的设计以及发电机电压设备的选择都有重要影响。在1993—1994年的单项技术设计阶段，国内外对额定容量778MVA、额定转速75r/min、空冷或半水冷方案，建议发电机额定电压选择18kV；对额定容量778MVA、额定转速71.4r/min、空冷或半水冷方案，建议发电机额定电压选择20kV。输变电设备制造厂认为，单机功率为700～720MW的机组采用20kV的额定电压，变压器套管及封闭母线均可得到解决。

综合上述意见，三峡招标文件中规定额定电压可选择18kV或20kV两种。在综合考虑发电机和电气设备制造可行性的前提下，兼顾了先进技术、经济合理性及制造能力，电机额定电压最终选定为20kV。

（2）额定转速。三峡电站水轮发电机额定转速的选择，综合考虑了发电机电磁参数和主要结构尺寸、水轮机性能和泥沙磨损、机组制造和运输等因素的影响。

三峡左岸电站通过国际招标采购的14台机组均采用75r/min。根据左岸水轮机模型试验情况，从有利于机组稳定性能出发，并充分发挥制造厂家的优势，在右岸机组招标文件中，确定额定转速可由各制造商根据其转轮特性，在71.4r/min和75r/min两种转速中择优选择。最终，右岸电站哈电和东电机组转速采用75r/min，ALSTOM机组采用71.4r/min。从实际运行情况来看，发电机额定转速选为75r/min或71.4r/min都可行且科学合理，与发电机的主要技术参数匹配。

（3）额定功率因数。三峡电站发电机额定功率因数在选择过程中，一方面参考了当时已运行的国外大容量水轮发电机的额定功率因数范围（多取0.90～0.95），另一方面根据功率因数对发电机造价和电磁参数、电网无功平衡、直流换流站所需无功等因素的影响，经机电设备专家组讨论，同意额定功率因数选用0.9，如有可能选用0.925或0.95。最终三峡电站发电机招标文件明确规定额定功率因数为0.9。

(4) 直轴瞬态电抗和短路比。为满足电力系统的稳定运行并结合机组制造的可行性，通过国内专家论证及技术交流，最终确定直轴瞬态电抗标幺值应满足不大于0.35的要求。

综合分析短路比与发电机造价、电力系统的静态稳定和充电容量等关系，最终确定三峡电站水轮发电机的短路比不小于1.1。

(5) 飞轮力矩。根据综合输水系统调节保证计算、电力系统稳定计算并考虑发电机的经济性，对于三峡电站700MW级水轮发电机，规定其GD^2不小于450000t·m^2。

(6) 发电机额定效率。通过对不同容量的三峡机组方案论证，国内制造企业推荐额定效率不小于98.5%，国外制造企业推荐空冷发电机额定效率为98.6%～98.77%，水内冷发电机为98.3%～98.74%。根据优化程序的计算结果，考虑有效材料消耗最少，效率取值范围为98.5%～98.7%。基于上述分析并综合考虑国内外已达到的技术水平，最终确定发电机的额定效率不小于98.6%。

2. 发电机运行情况

以三峡电站、机组制造企业提供的实测运行数据、试验数据及设计数据为基础，对发电机主要参数选取的正确性、合理性进行评估。主要选择发电机的供电质量、稳定性能、进相运行能力、电气参数测试、满负荷及过负荷运行等方面进行说明。

(1) 供电质量。三峡电站32台水轮发电机运行记录表明：在额定负荷稳定运行工况下，额定电压（20kV）变化率和额定频率（50Hz）变化率极其微小，分别在±5%和±1%范围内，满足合同技术规范及GB/T 7894—2009《水轮发电机基本技术条件》有关电网对发电机运行期间电压和频率变化的要求。根据实际运行统计，发电机运行时的功率因数大部分时间在0.95及以上。

(2) 稳定性能。

1) 发电机的主要参数与电网之间能很好地相互匹配，满足调度高效、灵活运行的要求。三峡电站水轮发电机在额定负荷及175.00m试验性蓄水位最大负荷运行期间，其静态和动态稳定性、热稳定性、抗干扰能力（电网波动、地震等）、过负荷能力以及过渡过程工况（甩负荷等）运行体现的性能指标良好。

2) 三峡发电机运行期间抗干扰能力极强。2005年10月29日，因鄂西北电网的弱阻尼振荡引发华中电网发生频率为0.77Hz的功率振荡。三峡电站及其外送系统同时伴随发生了相应的功率振荡。经处理后振荡平息，持续时间为

5min。期间三峡电站调速器、励磁系统运行正常。振荡平息后，对发电机作全面检查，均运行正常。

2010 年 7 月 17 日，三峡右岸电站运行中发生了 0.8～0.85Hz 有功功率低频振荡。经相关技术分析及现场试验，发现三峡功率波动问题的原因为 PSS（电力系统稳定器）模型参数中发电机交轴电抗 X_q 值符号错误。修正错误后 PSS 表现正常，机组实现正常满发。

3）三峡工程机组的设计抗震烈度为Ⅶ度，机组投产发电以来没有因发生地震而引起停机或事故损坏。例如，2008 年 5 月 12 日汶川地震时，三峡坝区烈度为Ⅳ度。机组状态检测系统显示，地震过程机组机架振动数值瞬时最大值普遍达到 1mm 以上。地震后迅速恢复至震前水平，机组大轴摆度、压力脉动等参数均未发生明显变化。主要原因在于地震过程中低频速度传感器振动测量值大幅跃变，实际上仅仅是机组随着厂房基础一起振动（牵连振动）的跃变，而由机组自身产生的振动（相对振动）与正常运行时并无区别。震后所有数据迅速恢复至震前水平，详见表 4－11。

表 4－11　汶川地震三峡电站机组振动情况　单位：μm

测　点	3 号机		5 号机		9 号机		11 号机	
	地震值	运行值	地震值	运行值	地震值	运行值	地震值	运行值
上机架水平振动	922	40	2219	5	1773	28	1387	85
上机架垂直振动	1100	7	1267	11	1786	10	1837	40
下机架水平振动	946	12	1573	18	1774	23	1418	14
下机架垂直振动	1255	37	2150	19	1822	4	1884	36
顶盖水平振动	918	14	1535	12	1756	7	1405	26
顶盖垂直振动	1318	36	2249	7	283	4	1888	60

2014 年 3 月秭归曾发生两次地震。发生地震时，机组 3 部轴承摆度几乎不受影响，但各部位振动均有 1 个突变过程。随着地震结束，各部位振动恢复到震前水平。相对于 2008 年汶川地震，2014 年的秭归地震无论是持续时间还是振动烈度，都相对较小。

4）三峡发电机性能稳定还表现在机组调试阶段以及 175.00m 试验性蓄水期间进行的甩负荷试验。试验结果表明，发电机的主要参数（GD^2 等）满足三峡电站调节保证计算、电力系统稳定运行的要求。表 4－12 为 5 号发电机在调试阶段甩相应负荷时各部位振动、摆度的测试数据。在试验性蓄水中，水位达到 175.00m 时，对三峡电站 7 台机组进行了甩最大负荷试验。甩最大负荷试验中，检查了选择的调节参数（含 GD^2）是否正确。机组转速上升率及甩负荷后回至正常空转的参数值均在工程设计要求的范围内，机组运行正常，试验主要数据见表 4－13。

表 4－12　　5 号机组甩负荷试验时各部位测量数据

机组负荷			175MW			350MW			530MW		
记录时间			甩前	甩时	甩后	甩前	甩时	甩后	甩前	甩时	甩后
测量参数	导叶开度/%		37	6	18	58	4	18	90	0	0
	上导轴承摆度/mm		0.05	0.07	0.05	0.03	0.10	0.05	0.03	0.18	0.03
	水导轴承摆度/mm		0.18	0.27	0.33	0.10	0.30	0.22	0.06	0.45	0.25
	调速环跳动/mm		0.25	1.25	0.25	0.08	1.30	0.25	0.08	1.45	0
	顶盖振动/mm	垂直	0.19	0.30	0.25	0.08	0.35	0.25	0.05	0.60	0.20
		水平	0.15	0.27	0.22	0.05	0.31	0.20	0.03	0.65	0.17
	上机架振动/mm	垂直	0.02	0.05	0.07	0.07	0.05	0.04	0.04	0.15	0.06
		水平	0.03	0.04	0.05	0.02	0.03	0.03	0.01	0.12	0.05
	下机架振动/mm	垂直	0.06	0.12	0.08	0.04	0.20	0.08	0.03	0.25	0.08
		水平	0.02	0.06	0.04	0.01	0.12	0.04	0.01	0.18	0.04
	定子振动/mm	垂直	0.02	0.03	0.02	0.01	0.20	0.02	0.01	0.35	0.02
		水平	0.03	0.06	0.02	0.03	0.30	0.03	0.02	0.48	0.03
	蜗壳压力/MPa		0.72	0.83	0.72	0.70	0.85	0.72	0.67	0.86	0.72
	顶盖压力/MPa		0.096	0.088	0.095	0.082	0.068	0.088	0.040	0.013	0.088
	尾水管压力/MPa		0.165	0.195	0.182	0.157	0.134	0.184	0.134	0.124	0.172
上游水位：135.15m											
下游水位：69.96m											
试验时间：2003 年 7 月 7 日 16：30—18：00											

表 4－13　　甩最大负荷试验时测量数据

机组号	水位/m	出力/MW	转速上升/%	蜗壳压力上升/%
6	175.00	756.0	37.94	14.14
8	175.00	756.0	40.40	19.16
16	174.80	754.4	41.10	14.40
21	174.80	756.0	39.32	14.55
26	174.80	754.5	47.20	15.00
30	175.00	756.0	42.17	21.32
31	175.00	756.0	41.7	23.23

（3）进相运行能力。三峡电站先后在8号、10号、17号、21号、26号、28号、29号、32号共8台机组上进行了进相试验，在进相运行工况下试验机组各部位温升正常，铁芯的振动和摆度基本无变化，可长时间安全稳定运行。试验结果证明三峡发电机具有良好的进相能力，试验过程中各试验机组在进相运行工况下各部位温升正常，完全满足设计技术规范对发电机稳定和发热要求及电网对电站无功调度的需求。表4-14为26号空冷发电机进相试验数据，表4-15为28号蒸发冷却发电机进相试验数据。

表4-14　　26号空冷发电机进相试验数据

工　况	P/MW	Q/Mvar	功角/(°)	定子电压/kV	定子电流/kA	功率因数	励磁电压/V	励磁电流/A
P：700MW Q：滞相	695.77	5.32	35.563	19.45	20.64	1.000	256.549	2949.240
P：700MW Q：−90Mvar	697.29	−91.92	40.189	18.94	21.48	0.991	225.975	2654.461
P：700MW Q：−180Mvar	698.89	−175.29	44.979	18.50	22.52	0.970	210.785	2453.951
P：600MW Q：−200Mvar	600.83	−195.48	41.557	18.49	19.73	0.951	194.206	2170.430
P：500MW Q：−200Mvar	502.43	−215.62	37.461	18.46	17.08	0.919	162.278	1895.184

表4-15　　28号蒸发冷却发电机进相试验数据

工　况	P/MW	Q/Mvar	功角/(°)	定子电压/kV	定子电流/kA	功率因数	励磁电压/V	励磁电流/A
P：700MW Q：滞相	706.9	17.51	30.34	19.25	21.26	0.999	288.00	2750.00
P：700MW Q：−90Mvar	699.7	−84.93	39.99	18.93	21.66	0.996	266.90	2436.05
P：700MW Q：−180Mvar	700.9	−178.06	45.46	18.39	22.83	0.969	240.09	2234.66
P：600MW Q：−200Mvar	601.0	−201.03	41.89	18.21	20.12	0.948	222.03	2001.21
P：500MW Q：−200Mvar	500.1	−194.81	36.11	18.20	16.78	0.932	201.06	1826.26

（4）电气参数测试。三峡电站选择定子水内冷、全空冷、定子蒸发冷却3种典型冷却方式共6台发电机进行了型式试验，通过试验及对试验数据的分

析，考察了各类型发电机的实际性能。试验结果显示，电气参数均满足 IEC 60034－1：2004《旋转电机　定额和性能》等相关国际标准的要求。三种典型冷却方式发电机额定工况电气参数试验结果见表 4－16。

表 4－16　　三种典型冷却方式发电机额定工况电气参数试验结果

序号	参　　数	20 号水冷发电机 试验值/设计值	26 号全空冷发电机 试验值/设计值	27 号蒸发冷却发电机 试验值/设计值
1	直轴同步电抗 X_d （不饱和值 p.u.）	0.937/0.952	1.129/0.945	0.859/0.879
2	直轴同步电抗 X_d （饱和值 p.u.）	—	0.939/0.821	0.823/0.817
3	直轴瞬态电抗 X'_d	0.335/0.32	0.280/0.301	0.295/0.333
4	直轴超瞬态电抗 X''_d	0.272/0.255	0.235/0.247	0.251/0.241
5	交轴同步电抗 X_q （不饱和值 p.u.）	0.698/0.694	0.563/0.691	0.541/0.687
6	交轴超瞬态电抗 X''_q	0.28/0.283	0.292/0.259	0.285/0.261
7	负序电抗 X_2 （不饱和值 p.u.）	0.276/0.269	0.277/0.253	0.275/0.251
8	零序电抗 X_0 （不饱和值 p.u.）	—	0.204/0.124	0.183/0.083
9	短路比 K_c	—	1.065/1.218	1.215/1.242

（5）满负荷运行及过负荷运行。2010 年试验性蓄水至 175.00m 后，针对左、右岸电站 2 号、6 号、16 号、20 号、26 号共 5 台机组进行了单机最大容量 840MVA 的 24 小时考核运行试验。

从 2010 年 7 月 21 日开始，至 7 月 28 日为止，三峡左右岸电站顺利完成 168 小时、18200MW 满负荷运行试验。此后继续保持满负荷运行，总计运行 18 天。

2012 年 7 月 2 日三峡电站 34 台机组首次全部并网运行，7 月 12 日三峡电站首次实现 22500MW 设计满额定出力运行。

在进行单机最大容量、满负荷以及最大负荷运行期间，监测结果表明，无论是定子水内冷、全空冷和定子蒸发冷却发电机，其推力轴承和导轴承瓦温、油温，定子线圈温度、定子铁芯温度、转子线圈温度、转子滑环温度等，以及上导、下导、上机架、下机架水平与垂直振动和噪声均正常，电气性能参数满足要求。

3. 发电机主要参数基本评价

三峡电站自左岸首台水轮发电机正式投运以来，全部发电机组安全稳定运行。特别是2008—2012年在高水头下进行的840MVA/756MW运行试验，验证了三峡水轮发电机在额定电压20kV、额定转速75r/min（或71.4r/min）、额定功率因数0.9、最大容量840MVA和有功功率756MW设计的正确性，并且发电机能够在高水头下实现756MW的安全稳定运行。

多年稳定运行及相关试验数据表明，发电机能经受不同水头段（不同蓄水位）、不同负荷及各种复杂工况（地震、低频振荡等）的考验，发电机电磁参数与电网之间能很好地相互匹配，确保三峡电站与电网的稳定运行，保证电能顺利输送。

经过10余年来的运行考核，证明三峡水轮发电机组主要参数的选取是科学、合理、可靠的，能够保证系统整体的稳定运行。

（二）发电机结构型式选择

1. 发电机结构型式

三峡电站发电机定子铁芯内径超过18m，额定转速为75r/min或71.4r/min，属于低速大容量巨型发电机，结合国内外大型机组的运行经验，发电机总体结构型式采用半伞式。对于推力轴承布置，根据当时国际招标的具体情况，为了便于制造厂的分工，放在下机架上被认为较为合适，这成为三峡发电机最终采用的方案。

VGS半水冷发电机、AKA半水冷发电机、哈电全空冷发电机、东电蒸发冷却发电机的结构如图4-2～图4-5所示。

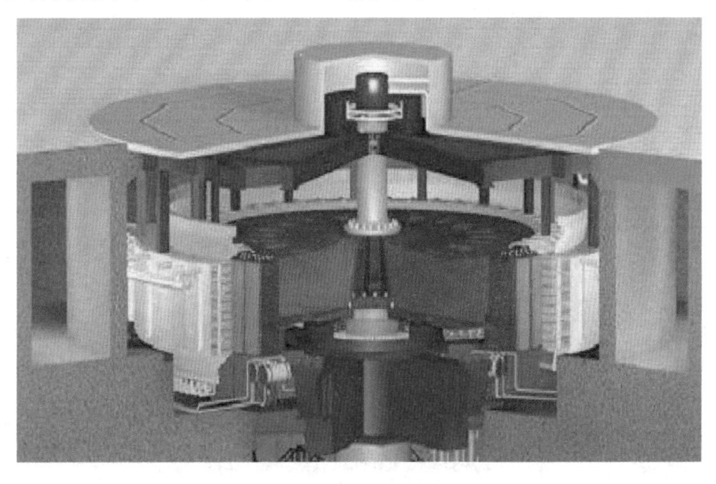

图4-2 VGS半水冷发电机三维结构图

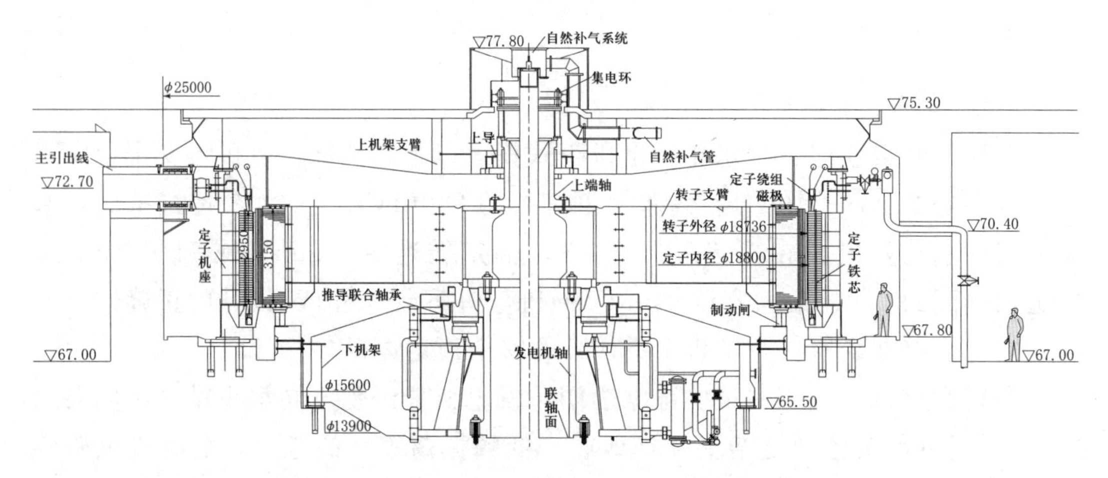

图 4-3　AKA 半水冷发电机剖面示意图（单位：高程，m；尺寸，mm）

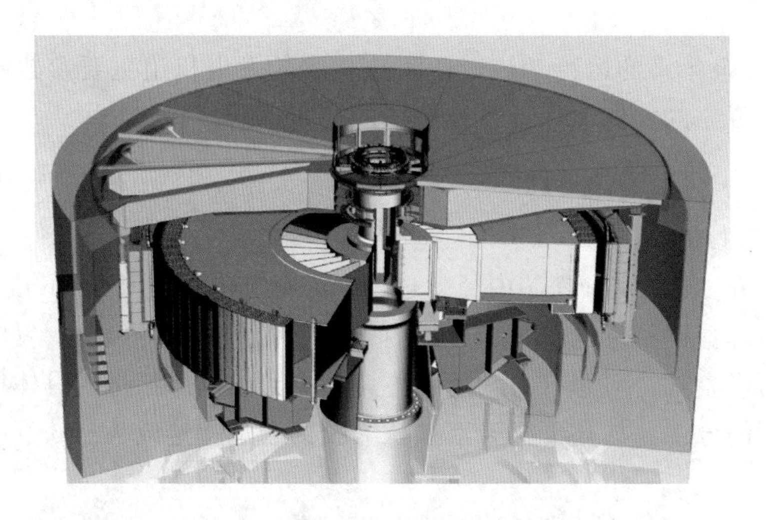

图 4-4　哈电全空冷发电机三维结构图

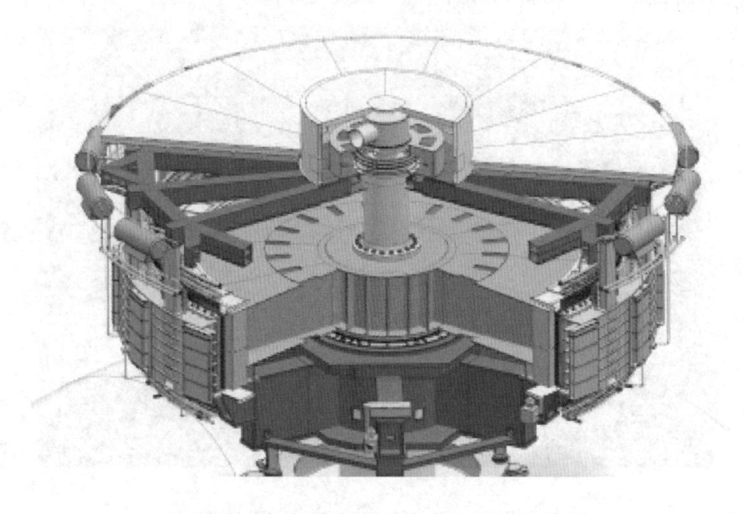

图 4-5　东电蒸发冷却发电机三维结构图

2. 发电机结构特点

（1）三峡左岸电站。

1）VGS机组水轮发电机。VGS机组水轮发电机定子机座由8个扇形瓣组成（图4-6），定子铁芯槽数为510槽，定子铁芯采用浮动式双鸽尾定位筋定位，铁芯叠片完成后由其背后的压紧螺杆装配压紧。定子绕组采用条式波绕组，5支路“Y”形连接。线棒采用罗贝尔360°换位，线棒由中心导体、水冷部件、主绝缘、防晕层等组成。

图4-6 VGS发电机定子机座

转子采用无轴结构，由转子中心体、转子支臂、磁轭和磁极等部件构成。转子支架采用圆盘式结构，精加工后的中心体和10瓣扇形支臂在工地组焊成圆，旋转力矩由环形焊缝传递。转子磁极对数为40对，共80个，磁极由磁极铁芯、磁极线圈和阻尼绕组等组成。VGS发电机转子磁轭及安装完成的转子分别见图4-7和图4-8。

发电机推力轴承采用小弹簧束支撑、巴氏合金瓦、外循环冷却并设有高压油顶起装置的结构。

上机架由1个中心体和16个辐射型箱型支臂构成，相邻支臂之间在外径处横向连接，可有效地将径向力转化为切向力，减小径向支撑应力，见图4-9。上导轴承有8块轴瓦和8个油槽内置式冷却器。上导瓦支撑采用球头抗重螺栓结构。下机架由中心体和支臂组成，在现场组装成整体，见图4-10。下导轴承瓦安装在油槽上腔，导轴瓦支撑为平衡块加球头抗重螺栓结构。

图 4-7　VGS 发电机转子磁轭

图 4-8　安装完成的 VGS 发电机转子

发电机中性点采用经接地变压器的高电阻接地方式，接地装置包括接地变压器、隔离开关、接地电阻、电流互感器、安装柜及其相关附件等；接地变压器采用单相、50Hz、自冷、户内、干式、防潮型、带 H 级绝缘环氧浇注铜绕组的配电变压器。

发电机采用电气制动与机械制动相结合的方式：当发电机转速下降到 50％额定转速时，电气制动系统投入运行；当转速下降到额定转速的 10％时，机械制动系统投入运行；制动时间在 155s 以内。

发电机机坑内设计和提供了一套完整的电加热系统，以防止发电机停机时

图 4-9 VGS 发电机上机架

图 4-10 VGS 发电机下机架

受潮结露。机坑内共设置加热器 18 个，当机坑内温度下降至 20℃时，加热器自动投入。

2）AKA 机组水轮发电机。AKA 机组水轮发电机定子机座采用斜立筋结构，能适应因温升导致的铁芯径向膨胀，有效地防止铁芯翘曲变形，分瓣定子机座见图 4-11。定子铁芯槽数为 540 槽，定子铁芯压紧系统采用了特殊工艺，有利于防止叠片翘曲变形和运行过程中松动。定子绕组设计为三相双层波形绕组，每相 5 支路并联，共 1080 根线棒组成。线棒采用的是罗贝尔 360°换位线棒，线棒槽部固定采用了成对斜槽楔和波纹板压紧结构，确保线棒在槽内可靠固定。

图 4-11 AKA 发电机分瓣定子机座

发电机转子为凸极式，共有 80 个磁极。转子设计为径向通风的圆盘形结构，由转子中心体、转子斜支臂、磁轭、磁极、主轴和上端轴等主要部件组成，轴与转子中心体由预应力螺栓连接。转子励磁引线经上端轴内部沿转子斜支臂与 1 号和 2 号磁极上磁极绕组接头连接。引线为裸露铜排，铜排由绝缘件支撑。发电机转子磁轭及安装完成的转子分别见图 4-12、图 4-13。

发电机推力轴承采用弹性小支柱支撑、巴氏合金瓦、导瓦泵外循环冷却并设置高压油顶起装置的结构，弹性小支柱支撑方式可适应轴瓦变形，提高推力轴承可靠性。

上机架包括一个中心体和 20 个斜支臂，斜支臂结构可适应巨型机组热膨胀，改善机组结构和基础的受力状况，见图 4-14。上导轴承瓦共 10 块，为巴氏合金型。上导轴承瓦的支撑为键支撑结构，上导油冷却系统为内循环系统。下机架由 1 个中心体和 12 个斜支臂焊接而成。下机架不仅承受机组转动部分重量和水推力等轴向负荷，同时还承受下导轴承的径向负荷。下导轴承瓦共 16 块，为巴氏合金型。下导轴承瓦为自泵型导瓦，可以实现油的自循环而不需要辅助油泵。

发电机的中性点采用了经接地变压器接地的方式。发电机采用电气制动与机械制动相结合的方式。发电机机坑内设计和提供了一套完整的电加热系统，

图 4-12 AKA 发电机转子磁轭

图 4-13 安装完成的 AKA 发电机转子

用于防止发电机停机时受潮结露。

(2) 三峡右岸电站。

1) 东电机组水轮发电机。东电机组水轮发电机的结构基本与左岸 VGS 机组相同。

2) ALSTOM 机组水轮发电机。ALSTOM 机组水轮发电机的结构基本与左岸 AKA 机组相同。不同之处在于机组额定转速为 71.4r/min，定了铁芯槽

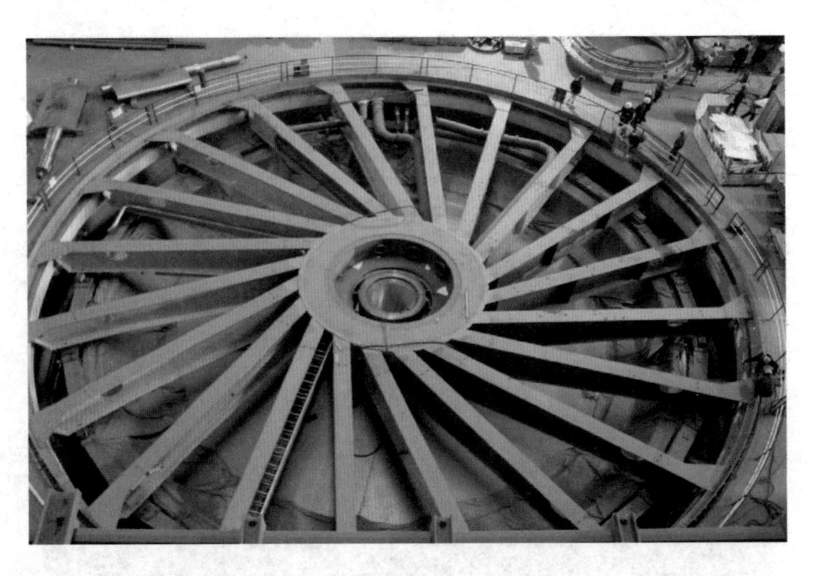

图 4-14　AKA 发电机上机架

数采用 630 槽，每相 6 支路并联，线棒采用罗贝尔 540°换位，发电机转子磁极极数为 84 个。

3）哈电机组水轮发电机。哈电机组水轮发电机采用全空冷水轮发电机。定子机座为钢板焊接结构，由 8 层环板、20 个垂直的斜立筋、筋板及外壁组成。定子机座外壁对称布置 20 个空气冷却器。定子铁芯沿长度方向分 69 段，段间设有通风沟。为降低定子铁芯两端的温升，在两端部分冲片的齿径向中心线上开槽。定子绕组为 8 支路并联，“Y”形连接，线棒采用不完全换位。

转子支架为斜支臂结构。磁轭沿轴向共分 11 段，段间设有通风沟，磁轭上下端设有磁轭压板，并用拉紧螺杆拉紧，以形成一个整体。下机架由一个中心体和 12 个径向支臂焊接而成。中心体高 4950mm，最大至对边尺寸为 8100mm，重量为 220t，是三峡发电机中最大的整体部件。

其余结构与三峡左岸 AKA 机组结构基本一致。

（3）三峡地下电站。东电机组水轮发电机采用蒸发冷却水轮发电机。机组增加一套蒸发冷却自循环系统，该系统由 6 部分组成，包括定子绕组蒸发冷却系统、冷凝器、均压排汽管路系统、蒸发冷却供排液系统、冷凝器供排水管路系统、蒸发冷却系统监控系统等。定子铁芯槽数为 540 槽，采用穿心螺杆方式固定，定子绕组为 5 支路并联“Y”形连接，线棒采用不完全换位，铜线实空比为 32∶8，汇流排和主中引出线采用空冷结构。转子支架采用斜支臂结构，大立筋在工地配加工。其余结构基本与右岸东电机组相同。

哈电机组和 ALSTOM 机组水轮发电机的结构基本与右岸机组相同。

3. 发电机运行情况

三峡电站水轮发电机带额定负荷运行时各部位振动、摆度及绕组、铁芯温度、轴承瓦温的数据统计，见表 4-17。

表 4-17　三峡电站水轮发电机额定运行情况统计

项目		左岸电站		右岸电站			地下电站		
		VGS（定子水冷）	AKA（定子水冷）	东电（定子水冷）	哈电（空冷）	ALSTOM（定子水冷）	东电（蒸发冷却）	哈电（空冷）	ALSTOM（定子水冷）
机组号		1～3号、7～9号 6台机组	4～6号、10～14号 8台机组	15～18号 4台机组	23～26号 4台机组	19～22号 4台机组	27～28号 2台机组	31～32号 2台机组	29～30号 2台机组
摆度与振动数据									
上导摆度/μm	+X	92	96	126	265	56	159.6	187	108
	+Y	89	66	98	286	56	190	220	110
水导摆度/μm	+X	76	114	164	112	100	156	70	141
	+Y	83	103	169	89	83	135	73	89
顶盖振动/μm	垂直	7	7	20	51	43	23	48	28
	水平	17	16	24	23	28	13	15	33
上机架振动/μm	垂直	8	6	10	34	21	19	32	12
	水平	14	23	18	52	17	28	19	14
下机架振动/μm	垂直	7	4	8	13	10	5	6	5
	水平	34	24	30	17	11	34	41	6
定子振动/μm	垂直	—	—	16	40	41	13	11	12
	水平	—	—	5	4	5	4	99	129
发电机空气间隙	+X	33.5	27	32	35.5	27	32	34	27
	+Y	33.5	27	32	35.5	27	32	34	27
不同冷却方式发电机运行数据									
机组出力/MW		700	700	700	700	700	700	700	700
定子电流/A		21.5	21.35	20.63	21.30	20.62	20.70	20.70	20.67
转子电流/A		3725	3858	3333	3019	3373	3288	3673	3582
毛水头/m		94	94	94	94	94	94	94	94

续表

项目	左岸电站				右岸电站						地下电站					
	VGS（定子水冷）		AKA（定子水冷）		东电（定子水冷）		哈电（空冷）		ALSTOM（定子水冷）		东电（蒸发冷却）		哈电（空冷）		ALSTOM（定子水冷）	
机组号	1～3号、7～9号 6台机组		4～6号、10～14号 8台机组		15～18号 4台机组		23～26号 4台机组		19～22号 4台机组		27～28号 2台机组		31～32号 2台机组		29～30号 2台机组	
发电机额定运行时温升情况																
温　度	最高	平均	最高	平均	最高	平均	最高	平均	最高	平均	最高	平均	最高	平均	最高	平均
定子绕组温度/℃	56.6	55.1	63.3	58.6	60.8	56.1	71.0	61.7	60.0	55.9	65.9	62.4	79.1	74.4	60.4	57.2
定子铁芯温度/℃	60.1	58.3	75.4	73.3	69.4	65.8	57.0	51.5	69.5	65.1	70.5	62.6	70.1	67.5	69.3	66.4
铁芯齿压板温度/℃	63.2	61.2	62.1	61	无	无	71.0	61.7	71.7	66.6	65.9	63.8	71	64.1	75.8	71.3
转子绕组温度/℃	80.9	75.1	94.3	87.7	70.9	67.7	59.1	56.2	76.5	73.7	101.3	93.9	110.2	106.1	108.8	98.4
纯水进水温度/℃	37.2	37.1	40.4	40.3	38	38.9	无	无	38	39.0	无	无	无	无	38	39.5
推力轴承瓦温																
机组出力/MW	701		700		701		695		701		696.3		680		703	
电站运行毛水头/m	88		86.6		86.9		86.7		84.5		89.4		84.6		84.5	
温　度	最高	平均	最高	平均	最高	平均	最高	平均	最高	平均	最高	平均	最高	平均	最高	平均
上导瓦温/℃	40.5	38.2	45.3	42.5	39.4	37	41.6	40	40.5	38.2	45.3	42.5	39.4	37	41.6	40
上导油温/℃	32.7	32	40.03	40	34.1	34	37.7	37	32.7	32	40.03	40	34.1	34	37.7	37
下到瓦温/℃	52.7	49.5	46.64	43.5	48.3	45.5	42.4	41	43.3	42.5	47	45	49.6	48.3	41.2	40
推力瓦温/℃	80.2	78.5	75.65	74	78.9	77	79.1	78.7	74.6	73	76.8	75.2	79.6	78.5	77.6	75.9
推导油温/℃	40	39	35.1	34	39.23	39	41	41	39.9	39.7	38.5	38.4	42	42	40.5	40

4. 发电机运行维护

三峡电站水轮发电机总体采用半伞式结构，推力轴承设置在下机架上，并设有专用的轴承检修通道，易于维护。三峡电站两种支撑结构的推力轴承总体运行良好，机组轴承运行数据见表4-17。

自2003年三峡左岸电站首台机组投运以来，三峡电站运用状态监测趋势分析诊断系统、生产管理信息系统等现代管理平台，并结合理论知识、实践经验和电力行业新技术的应用，持续探索大型机组的运行和检修规律，不断地调整与优化设备运行方式，保持了发电机组的良好运行状态。

三峡电站水轮发电机检修按照《三峡电厂设备检修准则》《三峡电站设备设施状态检修管理规定》《三峡电站电气设备预防性试验规程》等规程编制检

修计划。每年度进行一次检修。

5. 发电机结构型式基本评价

三峡电站机组运行最久的已有 10 余年。各机组在不同水头运行工况下，总体安全稳定，可靠性较高；各机组设备的实际运行参数均达到设计要求，主要运行参数达到或优于国标及有关规定；个别设备进行了缺陷消除及技术改造，技术改造后运行情况均有较大的改善并趋于稳定，能保障主设备在各种工况下长周期、大负荷、稳定运行。

机组运行实践表明，三峡电站发电机结构型式采用具有上、下导轴承的半伞式、推力轴承布置在发电机下机架上的结构是合理的。

(三) 发电机的推力轴承

1. 三峡电站发电机推力轴承

三峡机组的推力负荷达到 4890tf，超过了当时世界上已投产的大古力水电站 700MW 机组的推力负荷（4700tf）。三峡电站推力轴承设计参数见表 4－18。

表 4－18　推力轴承设计参数

参　数	VGS	右岸（东电优化）	AKA	右岸（哈电优化）
额定转速/(r/min)	75	75	75	75
推力负荷/tf	4600	3990	4850	4890
轴承外径/mm	5200	5405	5200	5200
单位压力/MPa	4.89	4.07	5	5
PV/[MPa·(m/s)]	90.9	75.2	83.2	83.9
润滑油	L－TSA46	L－TSA46	L－TSA46	L－TSA46

注　*PV* 为压力与速度的乘积。

为满足三峡电站水轮发电机对推力轴承的性能要求，考虑到三峡水轮发电机推力负荷大，为保证冷却效果，推力轴承选择外循环冷却方式，推力轴瓦采用巴氏合金瓦。在推力轴承支撑方式上，VGS 机组和东电机组采用多支点弹簧束支撑结构，AKA 机组和哈电机组采用弹性小支柱簇支撑结构。

两种支撑结构的推力轴承结构特点如下：

(1) 多支点弹簧束支撑结构。推力轴瓦直接放置在由多个弹簧束按照给定规律排列组合而成的“弹性垫”上（图 4－15），弹簧束选用高强度蝶形弹簧片装配而成（图 4－16），当机组运行时，弹簧束承载推力负荷。由于推力瓦下布置一簇弹簧束，弹簧束会随着油膜压力的变化而改变，自动调整变形以适应油膜压力分布的改变，因而具有极强的适应性。

图 4-15 多支点弹簧束支撑结构三维图

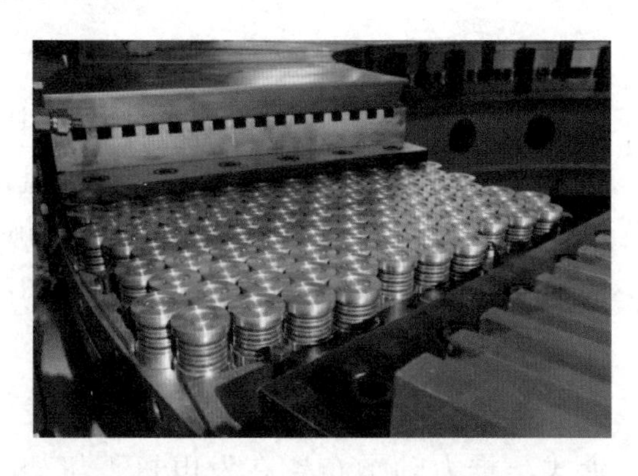

图 4-16 多支点弹簧束支撑结构实物图

VGS 机组和东电机组的推力轴承采用多支点弹簧束支撑结构，共设置 28 块巴氏合金瓦，推力瓦为单层瓦结构，推力瓦设高压油顶起装置。

（2）弹性小支柱簇支撑结构。推力轴承瓦由薄瓦、托瓦和一簇不同直径的弹性小支柱组成（图 4-17），弹性小支柱簇支撑结构（图 4-18）在负荷作用下小支柱的压缩量决定推力瓦的最终变形（含温度梯度引起的变形）。弹性小支柱簇支撑具有承载能力大的巨型推力轴承结构。

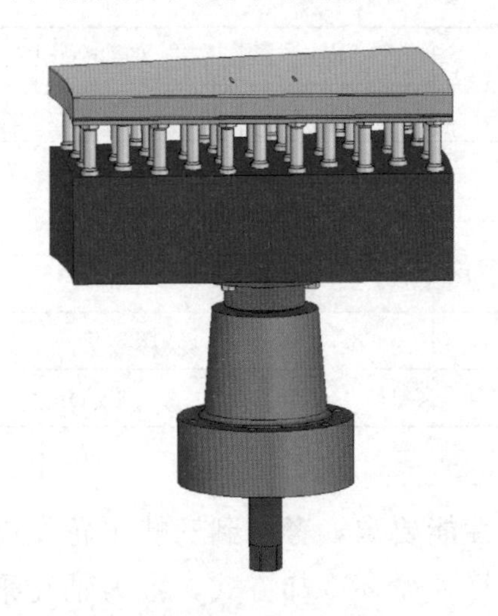

图 4-17 弹性小支柱簇推力轴承三维装配图

图 4-18 弹性小支柱簇支撑结构实物图

AKA 机组和哈电机组的推力轴承弹性小支柱簇支撑结构，共 24 块瓦，推力瓦设高压油顶起装置。

（3）推力轴承的润滑油冷却可以采用内循环或外循环。外循环又因循环动力的方式不同分为自身泵和外加泵两种形式，自身泵又分为镜板泵和导瓦自泵两种。

VGS 机组和东电机组推力及下导轴承采用外加泵外循环油冷却系统。该

系统包括油泵、管路系统及外循环油冷却器。油循环经管路至油冷却器，冷却后再流回油槽。油冷却器安装在下机架支臂的侧面。

AKA 机组、ALSTOM 机组和哈电机组采用导瓦泵外循环油冷却系统。该系统包括自泵瓦、管路系统及外循环油冷却器。系统靠导瓦泵形成油循环动压，经管路将热油泵至油冷却器，冷却后再流回油槽。油冷却器安装在下机架支臂之间的平台上。

2. 推力轴承基本评价

三峡机组推力轴承代表了目前世界巨型机组推力轴承的技术水平，突破了巴氏合金瓦对推力轴承单位压力和 PV 值应用的一般范围。

机组推力轴承总体运行情况良好，各项性能指标（如瓦温、油温等）达到了合同规定值。三峡机组的推力轴承结构和性能水平达到国际先进水平。

（四）发电机的冷却方式

1. 冷却方式比较

三峡电站 32 台机组共采用了半水冷、全空冷、蒸发冷却 3 种不同的冷却方式，是目前世界上唯一一个在 700MW 级水轮发电机中应用 3 种不同冷却方式的水电站。3 种冷却方式的主要特点如下：

（1）半水冷。半水冷方式指的是定子绕组采用水冷，定子铁芯和转子绕组采用空气冷却的冷却方式。其主要特点是：①定子线棒温度较低，温度分布较均匀，有利于改善定子综合机械热应力、减小铁芯翘曲和延长绝缘寿命；②在满足 GD^2 条件下，可适当降低铁芯高度、缩小体积、减轻重量；③可适应短时过载和频繁起停运行方式；④定子线棒水接头结构和水处理设备可靠性较低；⑤安装、试验、运行管理和检修的难度及工作量较大、维护成本较高。

（2）全空冷。全空冷方式指的是定子绕组、定子铁芯及转子绕组均采用空气冷却。全空冷方式的主要特点是：①电气参数较好、额定点效率高、过载能力强、适应电站频繁开停机的运行方式、运行成本及故障率低；②结构简易，现场安装、调试简便，安装周期短，易于维护检修等。

（3）蒸发冷却。蒸发冷却方式指的是定子绕组为蒸发冷却方式，定子铁芯和转子绕组为空气冷却。蒸发冷却方式的主要特点是：①具有与水内冷技术相当的冷却效果；②空心股线无氧化堵塞，取消价格昂贵的纯水处理系统，但须增加一套蒸发冷却系统；③采用无毒、安全的高绝缘、不燃且灭弧性能好的环保型冷却介质；④运行和维护相对简便，可靠性较高。

2. 冷却方式选择

在单项技术设计阶段，专家们对水轮发电机是否选用半水冷方式持有不同意见。一方面，在冷却方式论证中认为全空冷发电机结构简单，运行维护方便，但随着水轮发电机的容量增大，发电机定子直径和定子高度增加，可能导致风量和风速均匀分布变得困难，从而引起定转子线棒和定子铁芯温度分布不均，冷却效果变差；另一方面，根据相关调查，当时世界上已投运的单机容量在500MW以上水轮发电机大多数采用半水冷方式，已有较为成功的制造和运行经验。专家认为，依据当时的通风冷却技术，全空冷水轮发电机最大可能的制造容量约为700MVA，考虑到我国对巨型水轮发电机缺少运行经验，并且对当时世界上已投运的大古力、伊泰普等大型水电站的运行考查表明，采用半水冷方式的水轮发电机安全稳定，运行良好。因此，招标文件规定发电机冷却方式可为空气冷却或半水冷方式。

（1）半水冷发电机。从可靠、安全运行出发，三峡左岸电站14台机组（6台VGS机组，8台AKA机组）的水轮发电机全部选用了半水冷方式。右岸电站和地下电站分别有8台（ALSTOM、东电各4台机组）和2台机组（ALSTOM机组）采用半水冷发电机。

图4-19是半水冷发电机水支路连接软管图，图4-20是纯水系统的离子交换器和纯水过滤器。

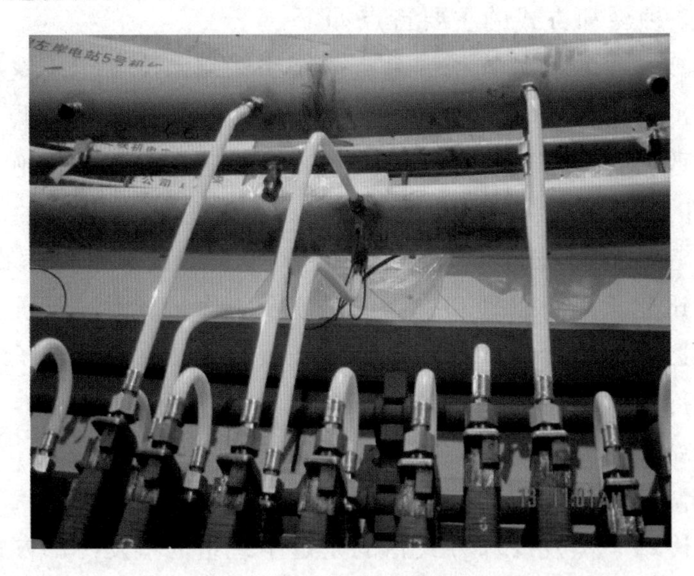

图4-19　半水冷发电机水支路连接软管图

（2）全空冷发电机。随着工程实践经验的积累和技术创新突破，三峡右岸4台机组及地下电站2台机组共计6台机组的水轮发电机采用了全空冷冷却方式，该机组全部由哈电自主研制，是我国巨型发电机冷却技术领域的一项重大技术突破。

（3）蒸发冷却发电机。三峡地下电站机组中有2台机组采用了定子蒸发冷

图 4-20 纯水系统的离子交换器和纯水过滤器

却方式，并全部由东电制造。发电机定子绕组采用蒸发冷却是我国发电机冷却领域的另一项重大技术突破，该技术由东电和中国科学院电工研究所合作研发。

3. 运行情况

三峡电站运行的 32 台 700MW 水轮发电机共有 3 种冷却方式，其中定子水内冷发电机 24 台，全空冷发电机 6 台，定子蒸发冷却发电机 2 台。实践表明，3 种不同冷却方式发电机总体运行状态良好、稳定、可靠。

表 4-19 是全电站 32 台发电机额定工况（700MW）稳定运行时定子线棒和铁芯等温度统计，其余部位的运行温度见表 4-17。数据显示，不同冷却方式发电机定子线棒和铁芯的温度略有差异，但都满足工程设计和技术规范的要求，均在允许值范围内。

表 4-19 水轮发电机额定运行时定子线棒和铁芯温度统计

2013 年 7 月 31 日				
上游水位：155.30m；下游水位：68.70m；毛水头：86.6m				
机组号	机组有功/MW	定子线槽温度最大值/℃	定子铁芯温度最大值/℃	铁芯齿压板温度最大值/℃
1	702.40	54.1	63.1	62.3
2	700.90	54.5	68.2	64.5
3	700.30	57.9	64.4	63.9
4	700.00	62.2	74.7	73.7
5	701.00	60.0	70.6	69.3
6	701.00	60.9	73.5	71.5

续表

机组号	机组有功/MW	定子线槽温度最大值/℃	定子铁芯温度最大值/℃	铁芯齿压板温度最大值/℃
7	700.20	58.9	73.6	73.0
8	701.50	57.8	65.1	68.3
9	698.90	57.2	70.1	70.1
10	698.00	64.7	74.4	71.7
11	702.00	61.6	69.8	69.7
12	700.00	62.0	72.9	73.2
13	700.00	60.5	70.9	71.5
14	700.00	63.9	73.1	71.4
15	699.80	58.9	66.7	—
16	699.60	60.8	70.1	—
17	699.90	58.3	74.6	—
18	700.10	59.5	71.6	—
19	698.10	61.0	70.2	73.0
20	699.70	62.3	71.4	74.7
21	700.00	59.7	67.8	72.1
22	699.80	61.9	70.4	77.5
23	697.10	83.4	71.5	76.2
24	699.40	82.1	70.8	78.3
25	701.00	81.7	71.6	66.6
26	698.11	81.6	68.3	68.0
27	700.50	69.7	67.2	—
28	699.90	68.5	71.5	—
29	696.30	61.6	73.0	72.1
30	700.20	61.0	68.3	77.1
31	697.80	81.0	70.5	75.9
32	702.00	77.7	68.0	69.2

4. 发电机冷却方式基本评价

三峡电站是目前世界上唯一一座700MW级水轮发电机采用了3种冷却方式（定子水内冷、全空冷和定子蒸发冷却）的水电站。三峡巨型水轮发电机冷却方式的选择是三峡机组设计制造安装运行面临的一个重要技术难题和挑战。

通过对三峡水轮发电机 3 种不同的冷却方式长期运行后进行评估，可得以下结论：

（1）在三峡工程建设过程中，从左岸全部发电机采用定子水内冷，到右岸部分发电机采用全空冷，再到地下电站部分发电机采用蒸发冷却，三峡电站采取了稳妥、扎实、积极的策略，成功推动了 3 种冷却技术应用。通过三峡电站运行实践证明，3 种不同冷却方式的发电机运行良好、稳定、可靠。

（2）哈电独立设计制造的全空冷水轮发电机具有自主知识产权，实现了冷却技术突破，使我国巨型水电机组全空冷技术达到了国际领先水平。

（3）东电和中国科学院电工研究所合作研发的具有自主知识产权的 700MW 定子蒸发冷却水轮发电机技术，实现了蒸发冷却技术在巨型水轮发电机上的首次使用，技术达到了国际领先水平。

三峡电站水轮发电机冷却方式的多样化以及成功运行，为后来建设的溪洛渡电站、向家坝电站、乌东德电站和白鹤滩电站等更大容量水轮发电机组发电机冷却方式的选择和应用提供了宝贵的实践经验和技术储备。

（五）发电机绝缘

三峡水轮发电机组为当时国内额定电压最高（20kV）、单机容量最大（700MW）的机组。不同制造厂家的定子绕组分别使用了多胶模压绝缘体系和少胶 VPI（真空压力浸渍）两种绝缘技术体系。在机组防晕方面，国内企业开发了适合多胶模压和少胶 VPI 绝缘体系的防晕技术，国外制造厂家采用涂覆型防晕工艺，均满足了三峡定子绕组发电机绝缘性能的要求。

1. 左岸水轮发电机的绝缘技术

三峡左岸电站水轮发电机分别由 AKA 联合体（承担 8 台并分包 3 台由哈电制造）和 VGS 联合体（承担 6 台并分包 2 台由东电制造）研制。两大联合体研制的发电机定子绕组均采用少胶 VPI（真空压力浸渍）绝缘体系和涂覆型防晕工艺。由哈电和东电分包制造的发电机定子线棒采用自主研发的多胶模压绝缘技术和防晕工艺，其中哈电采用一次成型防晕工艺，东电采用涂覆型防晕工艺，形成自主的绝缘体系和防晕体系。

（1）定子绝缘技术。

1）定子铁芯绝缘。左岸机组定子铁芯冲片绝缘采用进口水溶性半无机漆材料；定子铁芯首、末两段叠片采用高强度环氧胶粘成整体，增强了铁芯刚度、减小了铁芯振动和降低了端部附加损耗；定子铁芯拉紧螺栓用绝缘套管绝缘，避免了片间短路问题。以上技术措施确保了定子铁芯绝缘满足机组运行的要求。

2）定子线棒绝缘。ALSTOM 和西门子的定子线棒使用了漆包单涤玻包烧结线，烧结线具有绝缘厚度小、击穿电压高的特点。定子线棒换位填充绝缘采用厚度1.0mm新型柔性材料，在热态下具有良好的流动性，填充效果理想，避免了导线股间短路的问题。线棒角部场强进行优化处理，导线直线部分进行内屏蔽层处理，进一步提高了线棒击穿强度。哈电和东电通过吸收、优化ALSTOM、西门子的导线绝缘技术，采用的材料性能达到了ALSTOM、西门子的性能要求。

哈电、东电采用多胶模压绝缘技术制造的三峡定子线棒，通过选用高性能云母纸和特种环氧树脂胶黏剂体系，分别开发了具有自主知识产权的F级高电压环氧玻璃粉云母带（简称高电压云母带），主绝缘具有稳定优良的机械、热和电气性能。高电压云母带固化前性能见表4-20，固化后性能见表4-21。

表4-20　　高电压云母带固化前性能

序号	性　能	单位	指标
1	云母含量	%	≥40
2	胶含量	%	37～40
3	挥发物含量	%	0.7～1.1
4	胶化时间（170℃）	min	10～14
5	拉伸强度	N/100mm	≥100
6	云母纸介电强度	MV/m	33
7	云母带介电强度	MV/m	40

表4-21　　高电压云母带固化后性能

（采用标准JB/T 6488.3—1992《云母带　环氧玻璃粉云母带》）

序号	试验项目		单位	标准指标	试验方法
1	密度		g/cm^3	≥1.8	GB/T 5019—1985《电气绝缘云母制品 试验方法》第2章
2	弯曲强度	纵向常态	MPa	≥200	GB/T 5019—1985《电气绝缘云母制品 试验方法》第6章
		纵向155℃		≥40（60）	
		横向常态		≥120	
		横向155℃		≥30.0	
3	弯曲弹性模量（常态）	纵向	MPa	$\geq 40.0\times10^3$	GB/T 5019—1985《电气绝缘云母制品 试验方法》第6章
		横向		$\geq 30.0\times10^3$	
4	冲击强度（常态）	纵向	kJ/m^2	80	GB/T 5130—1985《电气绝缘层压板试验方法》
		横向			

续表

序号	试验项目		单位	标准指标	试验方法
5	工频介电强度		MV/m	≥40	GB/T 5019—1985《电气绝缘云母制品 试验方法》第16章
6	工频介质损耗因数	30℃	—	≤0.020	GB/T 5019—1985《电气绝缘云母制品 试验方法》第17章
		130℃		≤0.040	
		155℃		≤0.050	
7	温度指数		—	≥155	JB/T 6488.3—1992《云母带 环氧玻璃粉云母带》第5.16条

通过采用高电压云母带，哈电、东电制造的定子线棒主绝缘厚度减薄到与ALSTOM、西门子VPI（真空压力浸渍）线棒一致，有效提高了机组的槽满率，主绝缘的工作场强能达到2.51kV/mm，线棒的介质损耗性能满足合同性能指标要求（图4-21）。哈电、东电的多胶模压定子线棒绝缘经包括常规电气性能试验、电老化（表4-22）、电热老化试验（表4-23）、冷热循环试验等全面严酷考验和鉴定，各项性能均达到ALSTOM、西门子性能指标要求。

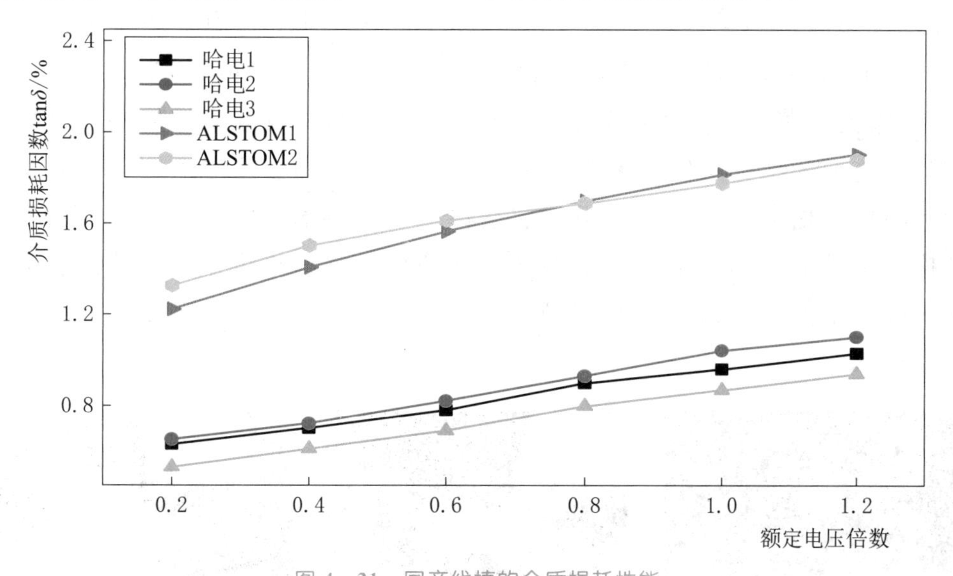

图4-21 国产线棒的介质损耗性能

表4-22 哈电、东电多胶模压定子线棒绝缘电老化试验结果

线棒号	额定电压倍数	电压/kV	寿命时间/h	ALSTOM标准/h	备注
R1-009	2	40	1250		已击穿
R1-001			3763		
R2-005			5384		
平均值			3466	1500	
最小预期寿命			1000		

续表

线棒号	额定电压倍数	电压/kV	寿命时间/h	ALSTOM 标准/h	备注
R1-003			>4317		
R2-004			>4317		未击穿
R2-006	1.6	32	>4317		
平均值			>4317	6000	
最小预期寿命			4000		

表 4-23　　电热老化试验结果

线圈编号	热老化寿命/h	目标寿命/h	CGE 寿命水平（IEEE 1043—1996《模绕定子线棒及定子线圈耐压试验 IEEE 推荐规范》/h	击穿破坏部位
110102	1309			直线部位，角部处
110101	>1600	400	600	未击穿
110103	>1600			未击穿

3）定子固定绝缘技术。两个联合体的定子绕组槽内均采用楔下高强度波纹板，哈电与 ALSTOM、东电与西门子的定子绕组槽内分别采用导热硅橡胶-半导体无纺布、导热半导体腻子-半导体无纺布构成的半导体槽衬结构（图 4-22），这两种结构均使线棒直线部位和定子铁芯槽壁形成紧密、无间隙固定结构，降低了槽电位。定子绕组下层线棒端部与端箍（玻璃丝束套管浸渍环氧胶结构）绑扎成一体，定子绕组端部之间使用高强度绝缘垫块，通过含有适量无溶剂胶黏剂的高强度绝缘绑扎绳绑扎固定（图 4-23），使整个绕组端部形成一个整体。

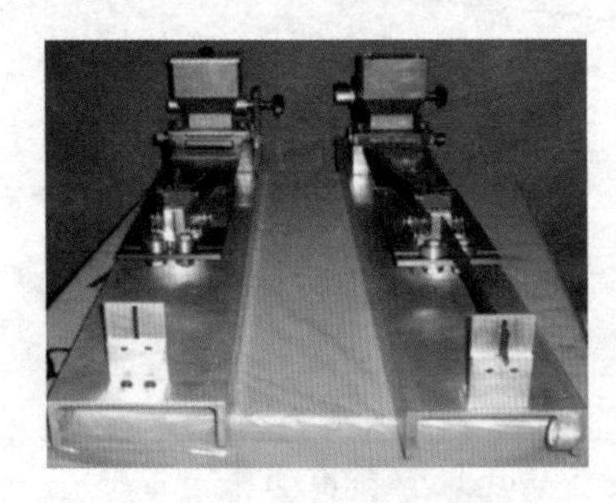
（a）半导体无纺布涂刷硅橡胶

（b）缠绕半导体无纺布

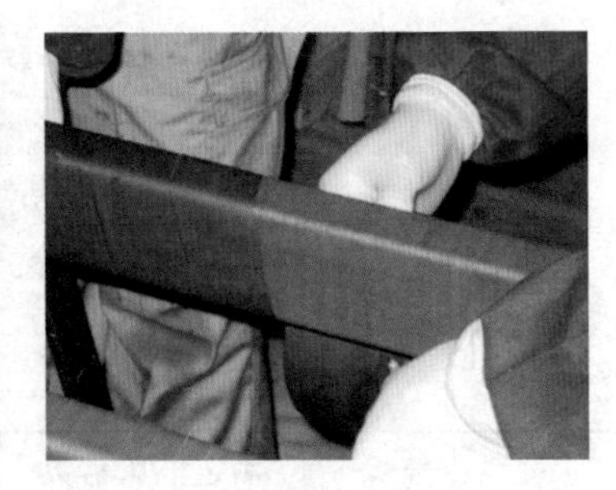
（c）包绕线棒槽部

图 4-22　线棒槽部的半导体槽衬

由于三峡左岸发电机定子绕组为水内冷冷却方式，线棒并头绝缘采用敞开式绝缘盒（图 4-24），该结构在线棒端部水盒发生漏水事故时拆卸方便。绝缘盒内部涂刷防晕漆并用玻璃丝绳绑扎固定，满足定子绕组并头连接的绝缘及固定需要。

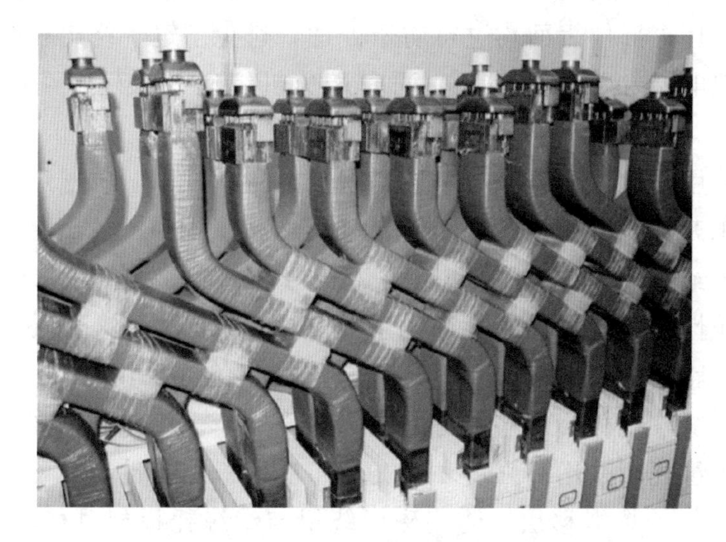

图 4－23　线棒端部绑扎固定

图 4－24　敞开式绝缘盒的应用

（2）定子防晕技术。左岸 AKA 和 VGS 联合体中 ALSTOM 和西门子研制的发电机定子线棒分别采用各自的防晕技术，由哈电、东电分包制造的发电机定子线棒分别采用各家具有自主知识产权的防晕技术，其中哈电采用一次成型防晕技术，即线棒槽部防晕层、端部防晕层与主绝缘一起固化成型。哈电端部防晕材料采用线性和非线性两种全固化半导体防晕带。ALSTOM、西门子、东电采用涂覆型防晕技术，定子槽部使用低电阻防晕漆，端部使用多种中、高电阻防晕漆；定子线棒端部应用防晕保护结构。AKA 和 VGS 联合体制造的定子线棒端部防晕结构分别采用“全防晕式”和“半防晕式”结构。这种结构的防晕性能比传统结构提高了很多：起晕电压从 45kV 提高到 50kV 以上，高于 ALSTOM 40kV 的要求；瞬时闪络电压从 115kV 提高到 130kV 以上，高于

ALSTOM 110kV 的要求，并首次顺利通过 ALSTOM $4U_N=80$kV（U_N 为额定电压）、持续 1min 的苛刻耐压要求。定子绕组端部绑扎部位、固定件接触的部位及汇流环等部件表面均进行防晕处理，避免了定子绕组在电晕试验和耐压试验中出现电晕和放电的问题，同时避免机组运行过程中端部产生电晕的问题。

无论是采用一次成型防晕技术还是涂覆型防晕技术，单根定子线棒的起晕电压均高于 $1.5U_N$，整机定子绕组起晕电压均高于 $1.1U_N$，满足合同要求。

（3）转子绝缘技术。三峡左岸发电机转子磁极匝间绝缘 ALSTOM 和西门子采用了机械性能及电气性能良好的上胶 Nomex 纸材料，降低了匝间的绝缘厚度，提高了匝间绝缘的机械和电气性能。极身绝缘采用 Nomex 纸缠绕并附加角部加强绝缘，磁极绕组与极身绝缘间隙用浸渍涤纶毡和高强度环氧层压板塞紧。磁极绝缘托板采用高强度环氧玻璃布层压板加工件，与磁极绕组接触面附加 1 层聚四氟乙烯滑移层，防止磁极绕组与绝缘托板相对移动时发生磨损。磁极采用注胶玻璃丝套管密封极身对地绝缘，至今没有出现极身绝缘吸潮、积灰及爬电等问题。哈电、东电分别吸收、优化了 ALSTOM、西门子的转子绝缘技术，并进行了转子绝缘材料国产化，所生产的机组转子绕组绝缘达到 ALSTOM、西门子标准，可在潮湿工况下长期可靠运行。

2. 右岸与地下电站机组的绝缘和防晕技术

三峡右岸机组的绝缘与防晕技术基本同左岸机组，主要变化是：①东电机组的防晕工艺由左岸的涂覆工艺改为一次成型工艺；②哈电、东电定子线棒导线的内屏蔽层结构进行了国产化改进；③哈电、东电机组定子铁芯绝缘采用国产半无机硅钢片漆。

三峡地下电站机组的绝缘与防晕技术与右岸机组基本无差别，主要变化是：东电机组采用少胶 VPI 绝缘技术和一次成型防晕工艺，其中 VPI 绝缘是具有自主知识产权的 DeaMica 少胶绝缘体系，主绝缘的工作场强达到 2.887kV/mm，进一步减薄了主绝缘厚度。

右岸和地下电站发电机定子绕组，哈电和东电线棒并头绝缘采用绝缘盒灌注胶结构，进一步降低了泄漏电流值，满足定子绕组并头连接的绝缘及固定需要，而 ALSTOM 仍然采用敞开式绝缘盒结构。

3. 发电机绝缘基本评价

三峡水电站 700MW/20kV 发电机绝缘性能均满足合同要求和机组长期运行要求。通过三峡机组的合作生产和独立制造，我国企业掌握了巨型发电机绝缘制造技术，最终形成了具有自主知识产权的巨型机组绝缘技术体系和防晕技术体系，并达到国际先进水平。

三、水轮发电机组辅机

（一）机组调速系统

水轮发电机组的调速系统主要功能有：在机组开机过程中，开启导叶使流量逐渐增大，驱动机组平稳快速地从静止开启到额定转速；在机组并入电网后同步运行时，按增减负荷的指令调节导叶增减流量；在正常停机或事故情况紧急停机时，以预设的关闭规律快速关闭导叶，避免机组飞逸。

三峡左岸电站、右岸电站及地下电站机组的调速系统，其主要组成部分的功能基本相同，包括调速器电气柜、调速器控制柜、油泵启动箱及机械液压部分（含油压装置），而设备配置又各有特点，体现了“引进—消化吸收—再创新”的阶段发展特征。

三峡左岸 14 台机组的调速系统采购时，国内制造企业尚无制造 700MW 水轮发电机组调速系统的业绩，因此采用国际公开招标，并规定中标商向国内制造企业转让技术，分包制造份额和完成成套试验。法国 ALSTOM 中标三峡左岸电站 14 台套调速系统的合同，哈电和能事达公司接受技术转让，哈电另承担了分包制造和 5 台套调速系统的成套试验。

1. 三峡左岸机组调速系统

（1）左岸机组调速系统的组成。三峡左岸提供的调速系统由以下几部分组成：调速器电气柜、调速器控制柜、油泵启动箱、机械液压部分和油压装置。

1）调速器电气柜和调速器控制柜组成。左岸机组调速器电气柜采用 3 套冗余 PLC 作为核心控制器，其中 2 台 NEYRPIC 1500 作为调节器控制器，互为主备用；1 台 NEYRPIC 1000 用于电手动控制器。此外，还包括 1 套独立的转速测控装置 ADT1000、1 个人机界面 HMI、输入/输出接口模块、模拟输入/输出的电流隔离部件、逻辑输入/输出的特殊继电器以及功率传感器等电器元件，共同组成调速器电气柜，实现对调速系统的控制。

左岸调速器控制柜用于实现对油压装置系统的控制，采用 AB 公司的 AC100 PLC，并配有与外部的输入/输出接口，模拟输入/输出的电流隔离部件，逻辑输入/输出的特殊继电器等电器元件。

2）调速器机械液压部分组成。左岸调速器机械液压系统由电液转换器、主配压阀、集成块装配、机械过速保护装置、导叶位移传感器、导叶位置开关、分段关闭装置及相应的管路、阀门等组成。其中电液转换器是将电信号成比例地转换成液压信号的伺服配压阀，由两种电液转换器 TR10 和 ED12 组成；主配压阀采用立式结构，通径为 ϕ250mm，主要由阀体、衬套和活塞等组成，并设有自动主备用及电手动用的 3 个位置反馈传感器；机械过速保护装置带有两个电气独立的触点，反映它的状态；每台机组设有 3 个位移传感器，为 JEAMBRUN AUTO 厂生产；两段关闭装置由行程换向阀及液控节流阀组成，两段关闭的拐点由行程换向阀切换来完成。

3）调速器油压装置组成。左岸机组调速器油压装置由油泵电机单元、回油箱总装、压力罐总装及相应的管路、阀门等组成。

（2）左岸机组调速系统的主要参数。左岸机组调速系统的主要参数见表 4－24。

表 4－24　　左岸机组调速系统的主要参数

序号	名　称	单位	参　数
一、基本参数			
1	工作油压	MPa	6.3
2	工作介质		L－TSA46 号汽轮机油和压缩空气
二、主接力器技术参数			
3	接力器内径/活塞杆直径	mm	1050/960
4	接力器最大行程（AKA 机组/VGS 机组）	mm	1060/981
5	最大正常工作油压	MPa	6.3
6	最小正常工作油压	MPa	6.1
7	接力器最小开启油压（AKA 机组/VGS 机组）	MPa	5.04/4.6
8	接力器工作总容积（AKA 机组/VGS 机组）	L	1785.7/1325.8
9	接力器关闭时间	s	8～100
10	接力器开启时间	s	8～100
三、油压系统技术参数			
压力油罐			
11	单个压力罐容积	m^3	16
12	压力罐数量	个	2
13	设计压力	MPa	7.0
14	正常工作压力范围	MPa	6.1～6.3
回油箱			
15	回油箱容积（AKA 机组/VGS 机组）	m^3	～22.3/～16.7

续表

序号	名　称	单位	参　数
四、主配压阀技术参数			
16	最大工作压力	MPa	6.3
17	主配压阀直径	mm	250
18	最大开启行程	mm	20
19	最大关闭行程	mm	30

(3) 左岸机组调速系统运行情况。三峡左岸电站调速系统投入运行已超过10年，运行人员对调速系统的总体评价是肯定的，但由于设计理念上的不同，在投运初期存在磨合阶段，调速系统也出现一些大小故障，如油泵的选型考虑不周，多台油泵的外壳相继破裂，后全部更换为重载型的可靠油泵，才从根本上解决了该问题（图4-25）。

(a) 原调速系统所用泵组

(b) 更换后调速系统泵组

图4-25　调速系统泵组选用

2. 三峡右岸机组调速系统

为逐步推进国产制造，三峡右岸12台机组的调速系统由哈电负责研制，核心部件调节器和主配压阀等由GE等国际知名厂家提供。

右岸机组调速系统及参数与左岸机组调速系统及参数基本相同，只是调节器和主配压阀有所区别。右岸机组调速器油压装置与左岸机组相近，右岸机组调速器油泵电机单元选用德国ALLWEILER公司的SMH系列卧式油泵，其驱动电机选用ABB公司的产品。

(1) 右岸机组调速系统自主设计情况。哈电调速系统电气控制部分由3套调节器进行冗余，各调节器之间可相互进行无扰动的切换，对同一执行元件进行控制并具有紧急手动调节功能，在发生故障状态下起到稳定机组状态的作用。

该系统特点如下：

1）调节器采用GE公司的成熟产品，3套冗余MicronetTM TMR处理器提高了系统工作的稳定性和可靠性。

2）主配压阀（图4－26）采用GE公司的FC20000产品，同时在其上增加了过速限制器，使油压系统具备手动操作功能，能适应国内控制的需要。

图4－26 三峡右岸机组调速系统主配压阀

3）油压装置测控系统采用西门子的S7－400H系列PLC冗余处理器，作为核心控制器。电源采用冗余电源方式，提高了可靠性。

4）电液转换元件采用双冗余电液比例伺服阀。

5）油泵运行方式采用连续运行方式，选用德国ALLWEILER公司的SMH系列卧式油泵，杜绝了三峡左岸频发的油泵壳体破裂现象。

6）卸荷安全阀、隔离阀在左岸的基础上进行了重新研发和结构优化设计，稳定性高。

7）液控单向节流阀进行了重新开发，使导叶两段关闭的操作更为可靠。

8）在业界首创了插装结构的事故配压阀，动作可靠，可降低电站引水压力钢管进口快速闸门紧急关闭的动作概率。

（2）右岸机组调速系统运行情况。三峡右岸机组调速系统投入运行已超过7年，运行人员的总体评价是：系统虽然与左岸电站调速系统相比较为复杂，但相对更适应国内水电站的控制习惯。在投运初期的磨合阶段，也出现一些诸如比例阀卡阻等故障，经过针对性整改，均彻底解决。

3. 三峡地下电站机组调速系统

三峡地下电站6台机组的调速系统由能事达公司供货。

(1) 地下电站机组调速系统的组成。地下电站机组调速系统组成与左、右岸机组调速系统基本相同，主要包括调速器电气柜、调速器控制柜、调速器机械液压部分和油压装置等（图 4-27）。

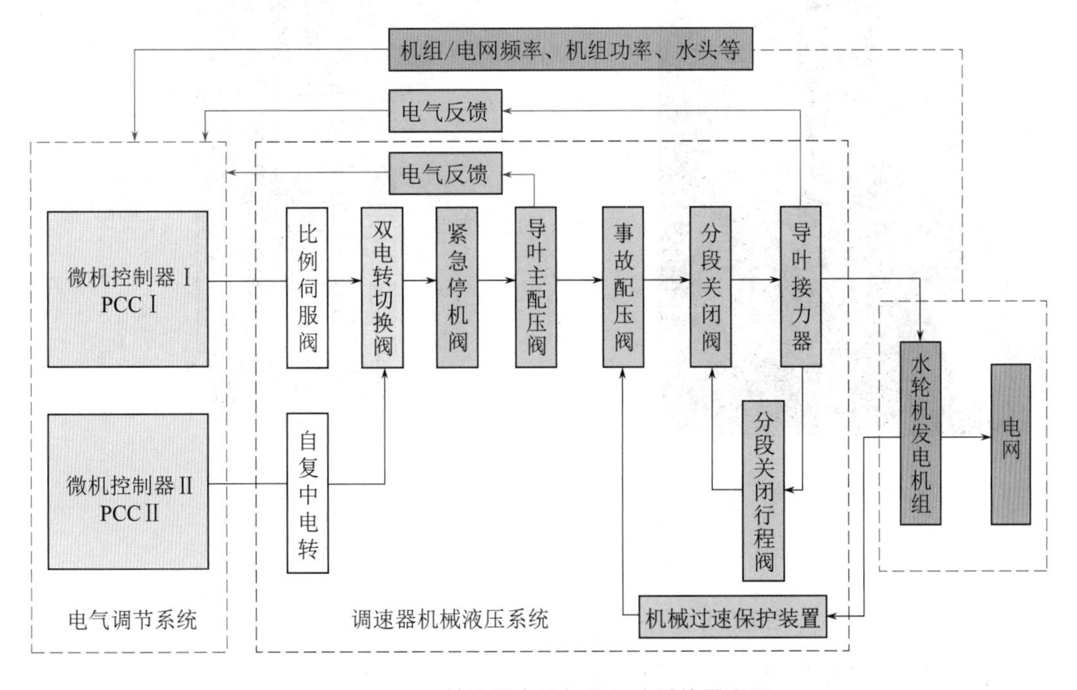

图 4-27 三峡地下电站机组调速系统原理图

1）调速器电气柜。三峡地下电站调速器电气柜由两套全冗余 PCC、1 套人机界面工控机、输入/输出接口模块、模拟输入/输出的电流隔离部件（采用冗余配置）、继电器以及功率传感器等电器元件组成。

2）调速器控制柜。地下电站机组调速器控制柜用于实现油压装置系统的控制，与右岸机组调速器相同，由 S7-400H PLC、输入/输出接口、模拟输入/输出的电流隔离部件、逻辑输入/输出的特殊继电器等电器元件构成。

3）调速器机械液压系统。地下电站机组调速器的机械液压系统由不对称冗余电液转换技术（自复中电转+比例伺服阀）、机械手动操作机构、双电转主用切换阀、紧急停机阀、引导阀、主配压阀（图 4-28）、双滤油器等组成。

4）油压装置。地下电站机组油压装置由油泵电机单元、回油箱总装、压力罐总装及相应的管路、阀门等组成。地下电站机组油泵电机单元采用 4 个油泵，3 大 1 小，其中小泵连续运转，以补充系统的漏油，其余的油泵采用间断运行方式，互为备用。

(2) 地下电站机组调速系统的主要参数。地下电站机组调速系统参数与左、右岸机组调速系统参数基本相同。

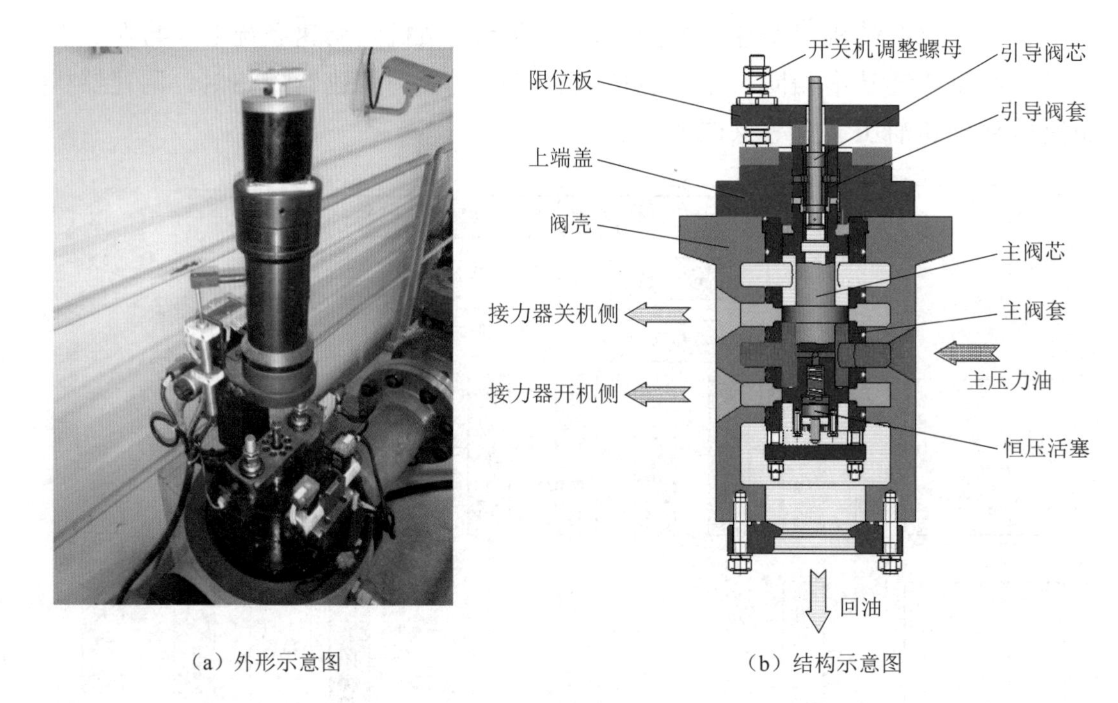

(a) 外形示意图　　(b) 结构示意图

图 4-28　三峡地下电站机组调速系统主配压阀

(3) 地下电站机组调速系统自主设计情况。三峡地下电站 6 台机组的调速系统方案在国产化方面取得了巨大进步，主要体现在以下几个方面：①自主完成总体设计；②作为控制核心的调节器采用市场易购的通用工业计算机，便于备品采购和升级；③自主设计制造主配压阀，使整个油压系统更为合理。

三峡地下电站调速系统，除继承了三峡左、右岸调速系统的优点外，还具有以下特点：

1) 采用比例阀＋步进电机并列作为电-液转换核心部件，前者响应速度快，调节品质高，而后者易于实现纯手动操作，更适应国内水电站的操作习惯且抗油污能力强，两者优势互补，各尽所长，具有创新意义。两个部件非对称冗余控制主配压阀，将流量控制与行程控制巧妙融合，具有动态响应快、静态稳定性强、手动操作方便、抗油污能力强等突出特点，显著提高了机组的调试、运行灵活性和可靠性。

2) 比例积分式有功功率调节技术成功应用于特大型机组有功功率闭环调节中，使得机组调节有功时的速动性要求得到了充分满足，机组在功率闭环模式下的一次调频响应速度得以提升。完全相同配置的双通道控制器并列运行，采用交叉冗余技术，电气系统稳定性更强。

(4) 地下电站机组调速系统运行情况。三峡地下电站机组调速系统投入运行已超过 5 年，运行人员的总体评价是比左岸电站调速系统更符合我国水电站的控制习惯。

在投运初期的磨合阶段也出现一些故障，经过针对性整改，均彻底解决。

4. 三峡电站机组调速系统基本评价

三峡工程调速系统各项性能指标和功能满足电网和电厂自动化的控制要求，操作、维护方便。调速系统电气部分采用的多项冗余安全措施，大大提高了系统的稳定性、安全性。反馈信号采用电信号代替传统机械杠杆反馈的技术方式，提高了系统的响应速度和可靠性。采用的新型液控单向节流阀，使导叶两段关闭的操作更为可靠。

通过三峡工程，实现了我国调速系统的国产化，提高了国内供货厂家的研发、设计和制造水平，一些创新技术得到了广泛应用并取得很好的效果，技术水平达到了国际先进水平。

（二）机组励磁系统

水轮发电机组的励磁系统具有以下主要功能：①在机组开机过程中，当机组转速接近额定转速时，通过起励电路，对发电机转子绕组提供初始电流，以便发电机建立初始电压。初始电压建立后，励磁系统调节器控制整流桥，迅速增加发电机的电压，以便达到并网条件。②并网后，通过增减励磁电流，调整控制发电机的无功功率输出。③停机时，励磁系统迅速减少励磁电流，使得发电机的电压快速下降；电制动设备提供励磁电流，与定子电流相互作用产生制动转矩，机组可以迅速减速而停机。④在事故时，跳开灭磁开关，投入灭磁电阻，迅速消耗磁场能量，快速降低发电机电压，防止事故进一步扩大。

三峡电站机组励磁系统采用自并励静止励磁系统设计方案，由两部分组成：第一部分由 1 面调节器柜、1 面辅助控制柜、4 面智能热管可控硅整流柜、2 面灭磁开关柜、1 面灭磁电阻柜，共 9 面柜体组成一套完整的励磁装置，位于发电机层；第二部分由 1 面交流过压保护柜组成，位于励磁变压器旁。

励磁调节器提供两套完全独立的、并联冗余容错结构的数字式励磁调节器，每套调节器功能完整，包括自动电压调节器（AVR）和励磁电流调节器（FCR），并包括所有必需的辅助设备。励磁电压调节规律采用 PID＋PSS。励磁系统能够提供 2.5 倍额定励磁电流强励。

可控硅整流装置采用三相全控桥式结线和热管自然冷却方式。并联支路数按（$n+1$）原则考虑冗余，即一桥故障时能满足包括强励在内的所有功能，二桥故障时能满足除强励外所有运行方式的要求。

灭磁方式，在正常运行时，采用逆变灭磁；在事故情况，采用交直流灭磁，以直流灭磁开关为主灭磁开关，交流灭磁开关为辅助灭磁开关，两者相互配合灭磁。灭磁电阻采用碳化硅灭磁电阻。

三峡机组正常停机采用电气制动，机械制动配合电气制动。电气制动的励磁功率电源由厂用电经制动变压器提供。

1. 三峡左岸机组励磁系统

三峡左岸 14 台机组的励磁系统由德国西门子公司研制，其中励磁变压器由广东顺特研制，同时东电作为励磁系统技术受让方分包制造励磁系统部分部件。

（1）左岸机组励磁系统组成。三峡左岸机组励磁系统外形见图 4-29。励磁系统主要由以下几部分组成：

1）调节柜：控制系统采用两套独立的德国西门子公司的 SIMADYN D 数字控制系统、两套人机界面 HMI 以及其他控制回路。

2）整流柜：采用 5 套全控整流桥整流柜，每柜 1 个完整的全控整流桥，强迫风冷，两套冗余风机及相应的控制显示电路。

3）电制动柜：采用全控整流桥，由励磁调节器控制。

4）直流灭磁开关柜：直流灭磁开关型号为 2CEX98-5000-4.2；灭磁电阻为 SiC 非线性电阻，灭磁容量为 18MJ。

5）励磁变压器（图 4-30）：3 个单相变压器，H 级绝缘，自然冷却。

6）交流灭磁开关柜：型号为 3AH3078-8。

（2）左岸机组励磁系统主要参数。三峡左岸机组励磁系统主要参数见表 4-25。

图 4-29　左岸电站西门子公司励磁系统外形图

图 4-30 左岸电站励磁系统变压器

表 4-25 三峡左岸机组励磁系统主要参数

参数	单位	VGS 机组	AKA 机组
额定励磁电压	V	387	476
额定励磁电流	A	3779	4158
840MVA 额定励磁电压	V	409	497
840MVA 额定励磁电流	A	3940	4345
空载励磁电流	A	2120	2352
空载励磁电压	V	217	269
强励电压与 840MVA 额定励磁电压之比		3.13	3.13
强励电压	V	1280	1556
反向可重复电压	V	3983	4834
过流倍数	倍	1.15	1.15
最大连续励磁电流	A	4334	4780
强励励磁电流倍数	倍	2	2
强励电流（20s）	A	7880	8690
励磁变容量	kVA	3×2200	3×2925
励磁变二次电压	VAC	1024	1243
过压保护动作值	V	3883	4734
起励电流	A	424	470
起励电压	V	43	53.85

续表

参　数	单位	VGS 机组	AKA 机组
起励短期容量	VA	20918	28782
起励长期容量	VA	6973	9594
起励变电压比（原边/副边）		400/34.7	400/43.08
X_d		0.97	0.94
电制动励磁电流	A	2056	2208
电制动励磁电压	V	240	283
电制动变压器容量	kVA	625	791
晶闸管型号		T1451	T1551
反向峰值电压	V	4200	4900

（3）左岸机组励磁系统先进性。

1）励磁调节控制部分。励磁调节控制系统采用了两套独立的 SIMADYN D，是实时多任务的分布式数字控制系统，具有运行速度快、可靠性高、功能强大且容易组态等特点。SIMADYN D 的开发软件使用的是基于 UNIX 操作系统面向图形的配置语言 STRUC G 和面向 List 的语言 STRUC L，同时也支持基于 Windows 操作系统面向图形的配置语言 CFC，编程灵活。同时，SIMADYN D 控制系统拥有丰富的硬件模块并拥有各种各样的 I/O 模块和接口模块，还可以通过 DP 网、工业以太网与德国西门子公司的 PLC 和其他产品联用，可扩展性强。

2）电气设计部分。

a. 强励倍数：考虑在故障下各种强励倍数对电力系统暂态稳定性的影响，及汛期超发 5%功率的要求，确定强励倍数为 80%机端电压下保证 2.5 倍强励倍数。

b. 主要参数计算：包括磁场断路器分断能力、灭磁电阻容量、励磁变压器容量、二次侧电压等参数，并给出了参数的计算方法。该计算方法满足工程需要，为励磁设计和复核提供了依据。

c. 交、直流灭磁开关的设置：在常规的直流灭磁基础上，采用增加交流灭磁开关的方案，提高了灭磁的可靠性。

3）整流柜。功率柜有 5 个晶闸管全控桥，按 $N-1$ 冗余方式设计，每个晶闸管桥包括 6 个型号为 SITOR 6QA 的晶闸管模块，桥臂电流和通风监视装置传感器装在柜内，触发脉冲为 1 套。并联桥均流技术采用元件筛选和均长连接线法，并联阻容吸收抑制换相尖峰。

2. 三峡右岸机组励磁系统

三峡右岸励磁系统由国电南瑞科技股份有限公司（以下简称“国电南瑞”）总成并提供灭磁回路装置，德国西门子公司作为分包商提供励磁装置主要部件。右岸机组励磁系统组成、参数和技术方案同左岸机组励磁系统，但在左岸励磁系统的基础上进行了改进和提高，主要有：①采用了更先进的PSS控制模型。三峡左岸励磁系统采用的德国西门子公司单输入PSS模型，不能满足电力系统的要求，后由中国电力科学研究院补充了外挂PSS模块。为抑制反调，引入双输入PSS。中国电力科学研究院和华北电力科学研究院选定IEEE 2B模型，查出PSS出现低频振荡的原因，PSS再投入时，能抑制系统发生0.1～2Hz低频振荡，对电力系统的稳定以及有功的超额稳定输出产生积极效果。以上改进得到了德国西门子公司的赞同和认可。②采用了电制动整流柜与励磁整流柜公用的技术方案。三峡发电机正常停机时采用电气制动与机械制动的混合制动方式，右岸将励磁整流和电制动整流公用，使系统装置更加紧凑。

3. 三峡地下电站机组励磁系统

三峡地下电站6台机组励磁系统分别由国电南瑞和能事达公司提供。其中，国电南瑞提供4台具有完全自主知识产权型号为NES5100的励磁系统（图4-31），能事达公司提供2台型号为UNITROL6800型的励磁系统（图4-32）。

图4-31 国电南瑞提供的三峡地下电站励磁系统

（1）国电南瑞励磁系统。

1）励磁系统主要参数。国电南瑞提供的4台三峡地下电站机组励磁系统主要参数见表4-26。

2）采用的新技术。国电南瑞在控制调节、功率整流方面采用了多项新技

图 4－32　地下电站能事达励磁系统

术，如抽屉式大容量功率柜、冗余控制方式的保护技术等，保障了机组安全运行和电力系统稳定。

表 4－26　　地下电站国电南瑞励磁系统主要参数

参　数	单位	哈电机组	东电机组	天津 ALSTOM 机组
空载励磁电压	V	246.3	247	258
空载励磁电流	A	2409.2	2145	2145
840MVA，功率因数为 0.9 时的励磁电压	V	482	495	506
840MVA，功率因数为 0.9 时的励磁电流	A	4338	3960	3948
励磁顶值电压	V	1507.5	1546.8	1581.2
励磁顶值电流	A	8676	7920	7896
允许强励时间（励磁顶值电流下）	s	20	20	20

3）励磁系统的特点。

a. 硬件平台：采用三 CPU 系统 ARM 芯片为自动通道计算控制核心，FPGA 为 I/O 控制中心，DSP 为纯手动通道计算控制核心。在控制器的冗余方面，从电源到脉冲输出至功率柜设置了两套系统，以并联冗余方式连接。

b. 软件平台：在逻辑控制等方面采用了组态开发工具，具有脉冲自动检测功能；采用了软件防粘连措施；采用 HMI 人机界面，具有显示状态、修改参数、故障记录等功能。

（2）能事达公司励磁系统。

1）励磁系统的主要参数。能事达公司提供的 2 台三峡地下电站机组励磁系统主要参数见表 4－27。

2）励磁系统的组成及特点。能事达励磁系统主要由励磁调节柜、大功率整流柜、灭磁和过压保护柜等组成，其特点如下：

表 4-27　三峡地下电站能事达励磁系统主要参数

参　数	单位	东电机组	天津 ALSTOM 机组
额定容量	MVA	777.8	777.8
额定有功功率	MW	700	700
额定电压	kV	20	20
额定励磁电压	V	495	506
额定励磁电流	A	3960	3948
励磁顶值电流	A	7920	7896
强励倍数	倍	2.5	2.5
励磁变容量	kVA	3×2705	3×2705
阳极电压	V	1264	1264
功率柜额定电流	A	10000	10000
功率柜数量	个	4	4
灭磁电阻容量	MJ	18.9	18.9
控制方式		AVR+FCR	AVR+FCR
调节规律		PID+PSS2B	PID+PSS2B

a. 励磁调节柜：励磁调节器引进 ABB 新一代 UNITROL6800 型励磁控制器。调节器采用网络化励磁框架。传统的调节器输出触发脉冲，触发整流柜晶闸管，从而对整流桥进行控制。而网络化调节柜控制器负责采样控制计算，通过光纤网络将控制电压传输到整流柜。由整流柜控制器完成脉冲形成和智能均流控制。

b. 大功率整流柜：由 4 台 STR-2500 RG 型大功率整流柜并联，单柜额定电流 2500A，采用环形热管散热技术，取消了散热风机，是能事达公司自主研制的“巨型机组热管自冷散热励磁整流系统”的应用。该项技术能够明显减少整流桥的灰尘，提高可靠性，见图 4-33。

图 4-33　热管整流柜

c. 灭磁和过压保护柜：包含串联在转子回路中的直流磁场断路器、整流柜阳极侧的交流磁场断路器、并联在转子回路中的碳化硅非线性电阻、跨接器以及作为后备辅助灭磁的开关。采用直流灭磁和交流灭磁相互备用，配合大容量 SiC 非线性电阻移能灭磁方案，保证了灭磁系统的可靠性，并实现了快速灭磁的目的。

4. 三峡电站机组励磁系统基本评价

三峡电站机组励磁系统采用较高强励倍数的自并励励磁系统，满足电力系统稳定性要求，各项性能指标和功能满足电网和电厂自动化的要求。三峡左岸电站采用整体引进西门子的励磁设备，满足国内当时的引进技术和工程进度的需要，其可靠性和稳定性以及先进的编程技术在三峡电站受到肯定，也为国内企业提供了较好的示范效果。三峡右岸电站励磁部分引进西门子部件，提高了国内企业励磁设备的性能，满足三峡机组高可靠性和稳定性的要求。三峡工程中水轮发电机组励磁系统“引进—消化吸收—再创新”取得了很好的成效，提升了国内励磁厂家的设计、开发和制造能力，并实现部分自主创新技术的很好应用，三峡电站地下电站励磁系统国产化的成功，标志国内励磁厂家已掌握励磁系统整体研制技术，为我国未来 100 万 kW 巨型水轮发电机组励磁系统的国产化奠定了良好基础。

四、机组的制造、运输

（一）水轮机主要部件的制造运输情况

三峡电站机组容量大，主要部件均属超宽超重件，其中以转轮等核心部件的制造和运输难度最大。

1. 转轮制造与运输

三峡电站机组转轮直径接近或超过 10m，重量超 400t，与此尺寸和重量相近的转轮，当时世界上只有美国大古力水电站 700MW 机组的转轮。为保证转轮制造质量，早在三峡机组可行性研究阶段，三峡集团公司组织设计院、制造厂商等单位对三峡机组的转轮制造、运输方案进行了细致深入的研究。研究结论表明，三峡水轮机转轮在工地和工厂内组装加工，均是可行的（图 4-34）。

在工程实际建设过程中，三峡左岸机组转轮全部采用工厂制造方案。VGS 联合体在上海希科合资厂生产了 2 台转轮，由内河运往三峡工地。加拿大 GE 在蒙特利尔生产的 2 台转轮经内河、海运再转内河运到三峡工地。东电在德阳市扩建的三峡重型厂房内生产的 2 台转轮，经大件公路运至乐山码头，再由内河运送到三峡工地（图 4-35）。ALSTOM 在拉西约塔租用了 1 座船厂厂房加工了 2 台转轮，由海运再转内河运到工地。哈电在辽宁葫芦岛与渤海造船厂合作建设的合资滨海大件厂内制造了6台转轮（其中包括挪威KVAERNER公司的3台和法国ALSTOM公司的1台），转轮通过海运到上海港，再经内河运到三峡工地。

图4-34　转轮工厂内加工

图4-35　东电转轮运输

三峡右岸和地下电站的18台机组，由哈电、东电和ALSTOM各供货6台。哈电和东电采用与三峡左岸相同的制造和运输方案完成右岸和地下机组的供货。ALSTOM则在三峡右岸工地建造了现场转轮加工厂房，生产了4台右岸电站转轮和2台地下电站转轮，制造质量和进度都满足合同和标准要求。

2. 转轮叶片数控加工与检测

三峡电站机组叶片为负倾角叶片，径向尺寸宽，翼展面积大。国内厂家应用自主研制开发的CAD/CAM一体化叶片数控加工技术、光电经纬仪非接触测量技术、毛坯自动寻优技术，完成了叶片的加工与检测。叶片数控加工技术与质量达到了国际先进水平。

3. 主轴加工

三峡机组主轴具有外形尺寸大、重量重、加工精度要求高等特点。因国外企业机床加工能力的限制，主轴全部由国内企业加工。哈电、东电结合本企业的加工能力，研制出了在重型卧车和重型立车上完成主轴车削加工的新工艺，主轴端跳精度不大于0.03mm，保证了机组安装联轴摆度的精度要求。主轴联轴孔采用镗模板加工，以保证主轴的互换性要求。主轴加工图见图4-36和图4-37。

4. 顶盖加工

三峡电站机组顶盖为超大尺寸环形部件，分4瓣运输，重量300t左右。利用大型立车完成顶盖的车削加工。

在顶盖上加工均布的导叶轴孔是顶盖加工的关键，在三峡水轮机制造过程中，研制出了在数控龙门铣床上顶盖呈分瓣状态下和在大型立车上，利用立车工作台数控分度，顶盖呈整圆状态下的导叶轴孔加工新技术，保证了三峡电站机组顶盖的加工质量要求。三峡电站机组转轮顶盖加工见图 4 - 38。

图 4 - 36　水轮机主轴加工

图 4 - 37　发电机主轴加工

5. 转轮静平衡

三峡电站机组转轮属超大超重部件，国内厂家采用先进的液压静平衡和应力棒静平衡技术，执行国际标准 ISO 1940/1—1986（E）《机械振动——刚性转子平衡品质的要求——第一部分：许用剩余不平衡的确定》，完成了三峡巨型转轮的静平衡。

图 4 - 38　三峡电站机组转轮顶盖加工

6. 导水机构预装

VOITH 公司、哈电首台导水机构在三峡左岸电站厂房内进行了预装（图 4 - 39），导水机构装配总重 925t 左右，高度约 8m，最大装配外径 14m 左右，导叶立面间隙满足图纸要求，导水机构装配中各项技术指标等均满足图纸要求。

三峡右岸和地下电站根据左岸的成功经验，经过对左右岸机组导水机构设计结构的对比分析论证，工艺采取严密的质量保证措施和质量控制过程，厂内增加各部件之间的分装检查，为后续各台水轮机导水机构取消厂内预装提供了技术保证，右岸和地下电站机组导水机构工地安装效果和运行状况良好。

（二）水轮发电机制造情况

三峡水轮发电机由于单机容量大、转速低，属于低速大直径电机，其中定

图 4-39 三峡左岸电站导水机构工厂内预装

图 4-40 三峡定子机座装配

子铁芯内径达到 18～20m，铁芯长度超过 3m，均超过当时已投运机组的尺寸。各发电机设备制造厂家通过优化工艺流程、改进传统工艺，顺利完成了发电机各部件的制造，实现了大型定子机座制造（图 4-40）、大型圆盘式转子支架支臂单瓣数控加工、高精度推力瓦加工、大型高精度镜板加工及测量、超长定子铁芯装配、定子绕组接头电阻钎焊工艺、磁极线圈中频感应钎焊工艺、定转子线圈制造、冲片制造等技术的重大突破，全面掌握了巨型水轮发电机的制造技术。

（三）三峡电站机组制造、运输基本评价

三峡水轮发电机组是目前世界上最大的巨型机组，特别是三峡转轮是世界上尺寸、重量最大的混流式水轮机转轮。通过各方的共同努力，机组制造质量满足招标文件的要求。采用的运输方案稳妥可靠，保证了电站的建设工期和运行。通过对三峡巨型机组的制造，国内哈电、东电制造企业已全面具备了制造700MW及以上巨型水轮发电机组的制造能力，制造质量达到国际先进水平。

五、机组适应分期蓄水方案

由于初期和后期的水轮机运行水头条件相差10m，为了使电站机组在初期和后期都接近水轮机最优工况，保证机组安全稳定运行，并获得较多的电能，三峡集团公司、长江委在三峡电站设计的各个阶段都对机组适用三峡水库分期蓄水方案做了大量的研究工作，对采用一个转轮的永久转轮机组方案、双转速发电机方案、交流励磁方案、部分水轮机采用临时转轮方案等均进行了论证。

经论证，采用永久转轮和临时转轮方案在技术上是可行的，经济上也合理，最终是否采用临时转轮方案和采用临时转轮的机组台数，建议根据新的条件和资料确定。最后通过论证和经济技术比较，并研究各制造厂家投标的模型试验结果，认为投标的转轮性能完全适应大水头变幅，1个永久转轮也能胜任初期运行。

在合同执行阶段的机组设计中，针对三峡水轮发电机组容量巨大、运行水头变幅大等带来的稳定性问题，为确保其安全稳定运行，采取了以下措施：

（1）合理选择和优化水轮机的最优水头。混流式水轮机设计水头H_d的大小决定了高、低水头运行工况偏离最优工况的程度。合理选择设计水头H_d，是改善三峡水轮机运行稳定性的有效措施之一。三峡水轮机H_d的选择，既要重点保证高水头工况的稳定性，同时又要兼顾低水头的空蚀和泥沙磨损问题。根据分析，确定三峡电站水轮机H_d应不小于90.1m。

（2）对转轮进行优化设计，开发出具有良好稳定性能的X形和L形叶片转轮并应用于三峡机组。

（3）首次对尾水管和导叶后转轮前区域在整个运行水头和负荷范围内提出了稳定性分区设置的方法和相应的稳定性指标，并通过模型试验分析混流式水轮机本身的固有特性，指导水轮机运行按水头、负荷合理划分运行区域。按影响各个区域水力稳定性能的主要因素确定不同考核指标。这样，既有利于制造厂商研发高性能的转轮，又能指导电厂在实际运行中合理避开不稳定运行区域。

（4）发电机设置最大容量。为更好地解决三峡水轮机在高水位、高水头运行区域的稳定性问题，采取适当加大其导叶开度运行的方式，以解决水轮机在这个区域运行出力受发电机容量限制的问题。经分析研究，设置发电机最大容量，机组在最大容量工况下水轮机的导叶开度增大，有利于机组的运行稳定性。因此，三峡电站发电机设置最大容量 840MVA，要求水轮机按最大出力 852MW 设计，发电机按 840MVA（功率因数 0.9）和 840MW（功率因数 1.0）设计，有效地扩大了三峡机组稳定运行范围，并提高了机组的运行稳定性。

（5）必要的稳定性辅助措施：①在水轮机的结构设计中，根据水轮机模型试验的成果，在适当的位置预留补气的管道，在电站设计中，也预留补气管道和布置压缩空气系统的场地，必要时向转轮内或尾水管内补气，有效降低了水压力脉动；②控制运行区间，通过电站的合理调度，避开机组在不稳定区运行，一般尽量安排水轮机在高效率区，如 70%～100%额定负荷范围内运行，既确保机组安全又可获得最好的经济效益。

1）补气。根据三峡电站的具体情况，设置通过主轴中心的自然补气系统。根据已运行的大型水轮机的经验，从水轮机顶盖和底环处向转轮叶片进口处补压缩空气，对改善水轮机在高水头运行时的稳定性有良好效果，但电站内须设置专用的压缩空气系统，同时水轮机补压缩空气还会使水轮机的效率下降 0.1%～0.3%。显然，补压缩空气方式是一种被迫采取的技术措施。三峡电站机组，虽采取其他措施以改善水轮机的稳定性能，但为以防万一，防止目前无法认识和预计的因素导致水轮机的稳定性差，危及机组的安全运行，在水轮机的结构设计中，根据水轮机模型试验的成果，在适当的位置预留补压缩空气的管道，在电站设计中，也预留补气管道和布置压缩空气系统的场地。

2）控制运行工况。在大电力系统中运行的大型混流式水轮机，应尽可能在水轮机性能优良的区域中运行，对机组和电力系统的安全和经济性有利。三峡电站机组台数多，水轮发电机组又有启、停和增减负荷快的特点，通过电站的合理调度，避开机组在不稳定运行区域内运行，一般尽量安排水轮机在高效率区，如 70%～100%额定负荷范围内运行，既可确保机组安全又可获得最好的经济效益。

基本评价：三峡机组 10 年的运行实践证明了三峡电站采用永久转轮的方案是正确的，无须设置临时转轮来适应初期蓄水。三峡转轮采用先进的设计技术和措施有效地保证了转轮质量，使转轮适应了三峡电站大水头变幅，并具有良好的稳定性，没有出现转轮裂纹现象。

第五章

电气设计及主要电气设备评估

一、电站接入电力系统

三峡电站装机容量巨大，地处中国腹地，电站的供电范围、电力电量分配、输电方式及三峡电站接入电力系统方式等都进行了长期的设计研究。

（一）供电范围

三峡电站地理位置适中，按送电距离1000km左右来考虑，可能的供电范围有华中、华东、西南、华南和华北5个跨省电网。20世纪80年代以来，针对三峡工程各种正常蓄水位方案，从动力资源分布特点、一次能源平衡、运输状况、电源构成及负荷特点等出发，对送供电地区做了大量能源供应平衡计算工作，经多种方案的设计研究和综合比选表明，三峡电站的电力、电量较优的供电范围是主送华东、华中、广东等地区，兼顾库区重庆市。输电容量分别按向华中地区送9000MW，向华东地区送7200MW，向广东地区送3000MW、向重庆地区送2000MW设计。

2004年5月开始建设三峡地下电站，地下电站装设6台单机容量为700MW水轮发电机组。经电力部门论证，地下电站所发电力接入华中电网。

三峡电站供电范围覆盖9省两市。

（二）输电方式

向华东地区的送电方式，对纯直流输电、交直流混合输电、1000kV特高压输电等输电方式经综合论证比选，从有利于将三峡电站的电力电量安全输出、电力系统安全稳定运行、技术先进成熟、方便电网调度管理等方面出发，选用采用纯直流输电方式，即向华东地区送电在已投运的葛沪±500kV直流输电（输送容量：1200MW）基础上，向华东再新建2回±500kV（每回输送容量：3000MW）直流输电线路；向华中和重庆地区送电采用500kV交流；向广东地区送电采用1回输送容量为3000MW、±500kV直流输电线路。

经电力部门论证后，地下电站所发电力采用3回500kV交流线路接入湖北电网，并留备用1回。

（三）三峡水电站接入电力系统

采用一级500kV交流接入电力系统。从减小三峡电站的短路电流、防止事故扩大和有利500kV电网稳定运行出发，在三峡工程枢纽内各电站间无直接的500kV电气连接。三峡左、右岸电站各设500kV母线断路器，在汛期左岸电站、右岸电站一厂可变为二厂运行。

三峡电站500kV出线共19回。其中左岸电站出线8回，左一电厂装设700MW水轮发电机组8台，500kV出线5回，落点分别为万县Ⅰ、万县Ⅱ（后由于电网结构的调整，至万县的2回500kV出线已经停用）、龙泉换流站Ⅰ、龙泉换流站Ⅱ、龙泉换流站Ⅲ；左二电厂装设700MW水轮发电机组6台，500kV出线3回，落点分别为荆州Ⅰ、荆州Ⅱ、荆州Ⅲ，在此，建有向广东地区送电的±500kV直流换流站。右岸电站出线7回，右一电厂装设700MW水轮发电机组6台，500kV出线4回，落点分别为葛洲坝换流站Ⅰ、葛洲坝换流站Ⅱ、荆州Ⅰ、荆州Ⅱ，右二电厂装设700MW水轮发电机组6台，500kV出线3回，落点分别为宜都换流站Ⅰ、宜都换流站Ⅱ、宜都换流站Ⅲ；地下电站装设700MW水轮发电机组6台，500kV出线4回，落点分别为荆门换流站Ⅰ、荆门换流站Ⅱ、宜都换流站Ⅲ，留备用出线1回。三峡输变电工程跨区输电示意见图5-1。

（四）对三峡水电站接入电力系统的要求

三峡电站是一个特大型水电站，是电力系统中的骨干水电站，其主接线方式、发电机参数、主变压器参数、高压并联电抗器等的选择，对电力系统的安全稳定运行有重大影响，从电力系统安全稳定运行出发，对电站的电气、综合自动化设计提出了以下要求：

（1）在电气主接线设计上，为减小短路电流，增加系统安全稳定，左、右岸电站500kV母线间不进行电气直接连接。

（2）根据稳定研究结果，电站可以采用2台机组1台变压器的扩大单元接线或2台机组2台变压器的联合单元接线，以简化电站接线和布置。

（3）为提高系统稳定性，尽量避免送端大容量电源捆在一起，三峡左、右岸电站500kV母线上均要求设置分段断路器，即左岸电站在8台、6台机组之间，右岸电站在6台机组之间分别设置母线分段断路器；为增加地下电站和右岸电站运行灵活性，同意在地下电站和右二电厂之间设置500kV管道母线（GIL）联络线。

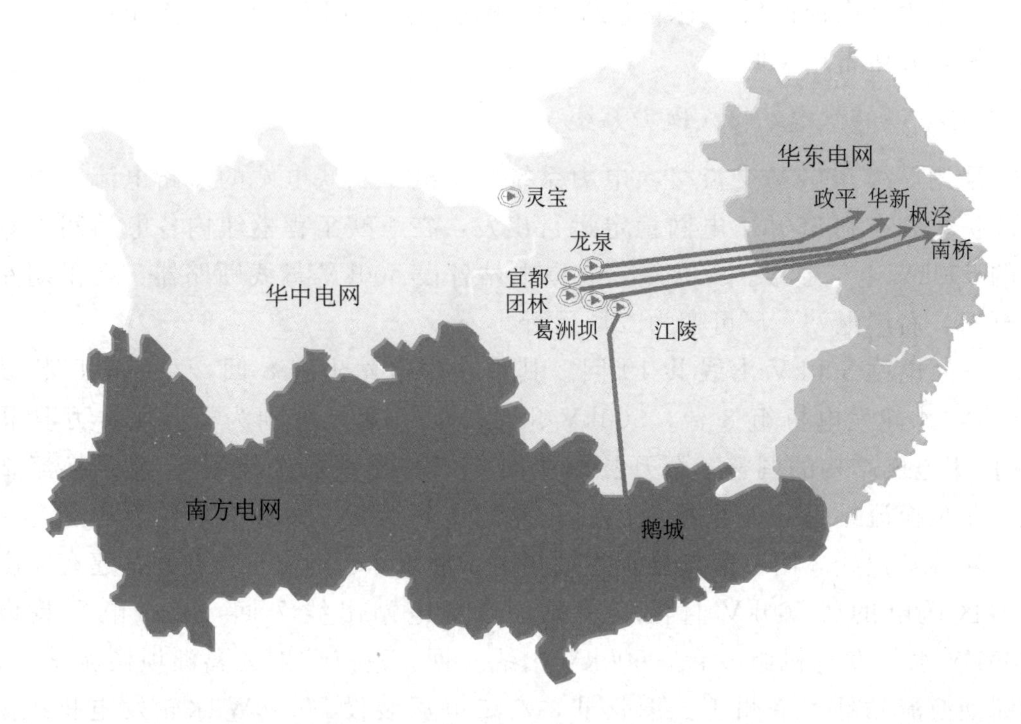

图 5-1　三峡输变电工程跨区输电示意图

（4）对水轮发电机组参数的要求，飞轮力矩（GD^2）合适取值为 420000～450000t·m^2，对应的转动惯性时间常数（T_j）为 10.95～11.73s；从系统无功平衡和经济运行等方面来看，额定功率因数合适取值为 0.9；在满足电力系统稳定要求的前提下，考虑机组的经济性，暂态电抗（X'_d）应不大于 0.35（不饱和值）；为限制短路电流，次暂态电抗（X''_d）应不小于 0.2（饱和值）。

（5）考虑到电站单机容量大和向系统不应过多输送无功容量等因素，发电机不作调相运行，但应考虑进相运行，进相深度－0.9。

（6）发电机励磁方式采用可控硅自并励方式。

（7）对主变压器参数要求，为限制所有短路电流值，要求主变压器阻抗电压（U_k）不小于 15%；为降低单相短路电流值，主变压器中性点应采用经小电抗接地方式。

（8）关于高压并联电抗器的设置，从限制工频过电压和有利于电力系统无功的调节出发，同时因考虑水电站场地受地形条件制约，在水电站侧应少装高压并联电抗器，应从电网总无功平衡最优出发进行全面综合考虑。工程设计单位和电力部门在对过电压和无功平衡做了大量设计研究工作后，协商一致同意在左一电厂至万县 2 回 500kV 出线首端各装设 1 组 3×50Mvar 高压并联电抗器，左二电厂至荆州 2 回 500kV 出线首端也各装设 1 组 3×50Mvar 高压并联电抗器，右一电厂至荆州 1 回 500kV 出线首端装设 1 组 3×50Mvar 高压并联电抗器，地下电站至荆门换流站 1 回 500kV 出线首端装设 1 组 3×50Mvar 高压并联电抗器，三峡电站共装设 6 组 3×50Mvar 高压并联电抗器。

（9）电力部门对调度、综合自动化、通信、继电保护、系统稳定自动切机、计量系统及接口等方面提出了详细的要求。

（五）电站接入电力系统基本评价

三峡电站自 2003 年 7 月首批机组投产运行以来，电站和电力系统经多种运行方式考验，特别是 2012 年 7 月 12 日 20 时 53 分开始，三峡电站首次实现 22500MW 设计满额定出力运行，至 8 月 15 日 0 时 3 分，22500MW 设计满额定出力累计运行 710.98 小时（29.6 天），将三峡电站的电力、电量安全稳定送达用电目标用户，表明三峡电站与电力系统连接在各种运行方式下，能将三峡电站发出的强大电力、电量安全稳定输出，并促进了全国联网。

建议：三峡电站水轮发电机组额定容量为 700MW，在单项技术设计阶段从提高机组运行的稳定性、扩宽机组出力调度范围出发，增设了最大容量，即机组单机容量从 700MW（778MVA）提高至 756MW（840MVA），并按此单机容量签订制造合同。在三峡水库蓄水过程中，三峡电站对单机容量为 756MW 机组进行全面的试验和满出力考核运行，表明 756MW 机组能长期安全稳定运行。建议电力系统调度允许三峡电站的机组能按单机容量 756MW 运行。

二、电气主接线

在可行性论证、初步设计阶段，三峡电站电气主接线和电气设备按送往华东±500kV 直流输电的换流站建在三峡工程枢纽内进行电气设计。1995 年 11 月三峡建委召开第五次全体会议，同意直流换流站设在坝区之外宜昌市郊区的合适位置。为此，三峡电站电气主接线遵循“安全可靠、简单清晰、运行灵活、维修方便、经济合理”的基本要求，将安全可靠放在首位，博采众长，吸取国内外设计经验，结合电力系统对主接线的要求和枢纽布置实际，对三峡电站电气主接线应满足的要求进行了设计研究，提出应满足的设计要求如下：

（1）为限制 500kV 侧的短路电流不超过 63kA，左、右岸电站为两个独立电厂，两厂 500kV 母线间没有直接的电气连接。

（2）从有利于电力系统稳定运行和防止事故扩大出发，500kV 母线应设分段断路器，使左、右岸电站各自又可以分为两厂运行。

（3）在严重故障下，应尽量减少切机台数和出线回路数。发生双重故障时，一般不应切除多于2回线路和4台机组。

（4）在任一断路器或1条母线检修时，不影响连续供电，发电机断路器应与对应的发电机同时检修。

（5）在全部机组投入运行后，要求全厂停电的概率为零。

（6）应充分考虑电站机组在枯水期操作频繁的特点，保证有可靠的厂用电源。

（7）应结合工程枢纽布置的实际，考虑高压配电装置选型及出线方式对主接线选择的影响。

（8）优选方案应是技术先进、经济合理。

三峡电站电气主接线遵照上述要求，结合电站的实际，考虑了电力系统对电站电气主接线的要求、三峡水库运行调度方式、主要设备制造能力、重大部件运输方式等方面，对发电机与变压器连接、高压侧接线及简化接线等几十个方案进行了研究比选，在比选中采用了$N+2$阶马尔可夫模型，对各种接线的可靠性指标进行计算，做了相对比较，最终择优选用的电气主接线方案为：采用发电机一变压器联合扩大单元接线，在变压器高压侧装设500kV SF_6断路器方案。2004年后，由于SF_6发电机断路器已能成功制造供货，从方便运行和能倒送厂用电出发，在左、右岸电站和地下电站部分机组出口装设了SF_6发电机断路器。

500kV高压侧主接线采用一倍半接线方式。从调度灵活出发，在地下电站与右岸电站右二电厂间设置了500kV SF_6管道联络线。

三峡左、右岸电站和地下电站的电气主接线采用同一方案（图5-2～图5-4），其差别在于装机台数、500kV出线回路数、水轮发电机出口装设断路器数和装设500kV并联电抗器等的数量和位置不同。

从确保三峡工程厂用电出发，2003年经三峡建委批准，在左岸电站下游左侧的山体内，兴建装机2台（单机容量为50MW）具有黑启动功能的电源电站。电源电站用35kV电压接入三峡工程自用电系统，作为三峡工程各电厂、各永久建筑物的主供电源或备用电源。电源电站电气主接线：发电机与变压器采用单元接线，35kV侧选用单母线分段接线。

2010年7月20日至8月8日，左右岸电站完成了18天18300MW（左、右电站共26台700MW机组和电源电站两台50MW机组）满负荷运行；2012年7月12日20时，三峡电站首次进入22500MW（增加右岸地下电站6台700MW机组）设计满额定出力运行方式的考核，至8月15日0时累计运行710.98小时（29.6天），将三峡电站的电力、电量安全稳定送出。

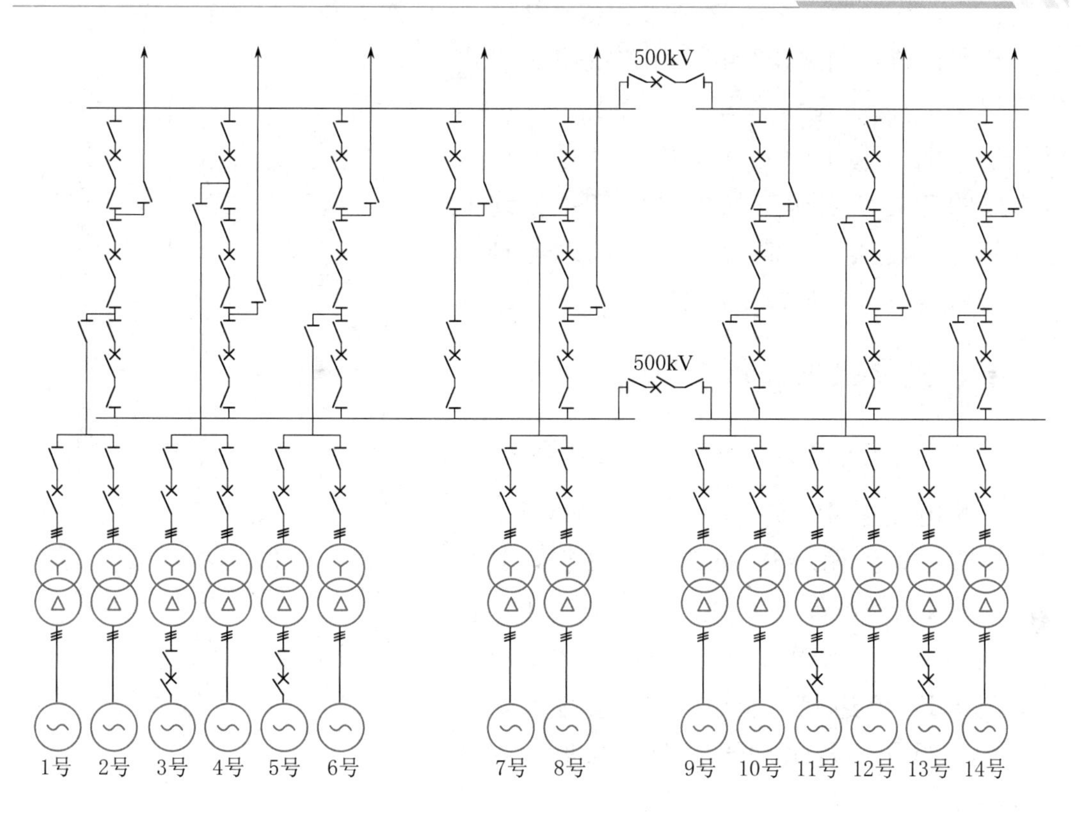

图 5-2 三峡左岸电站简化电气主接线

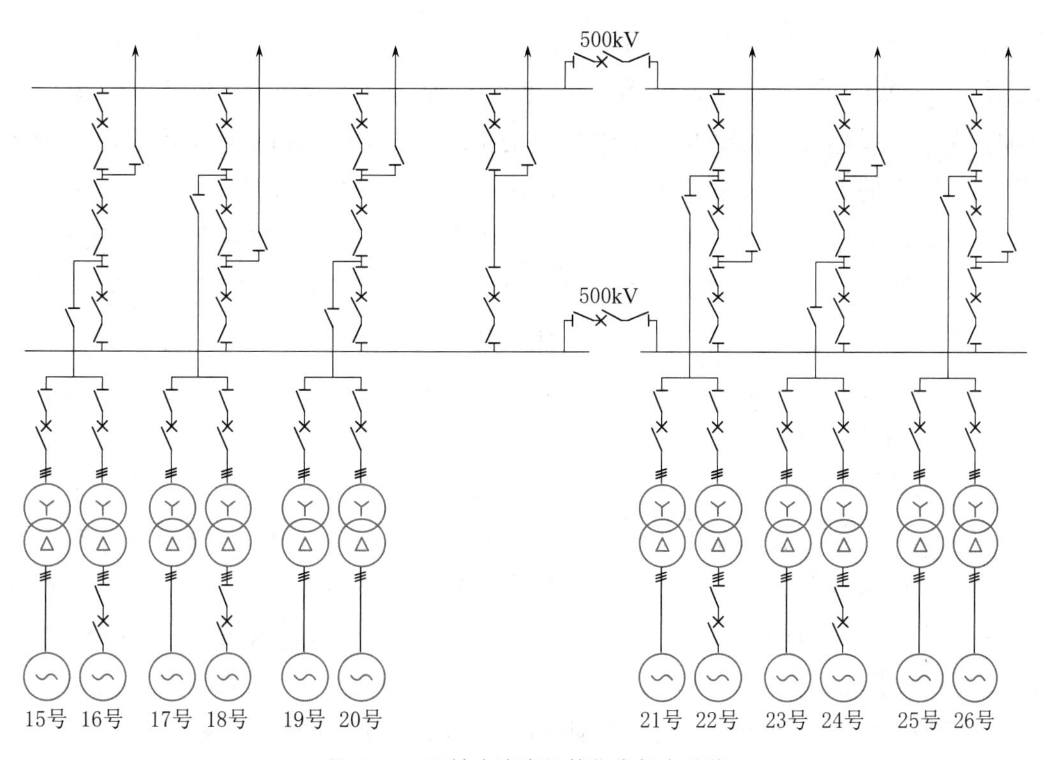

图 5-3 三峡右岸电站简化电气主接线

基本评价：自 2003 年 7 月首批机组投产运行以来，三峡左、右岸电站，地下电站，以及电源电站选用的电气主接线经过各种运行方式的考验，表明三峡电站电气主接线安全可靠、调度灵活，满足了三峡电站各种运行方式和电力、电量输出的要求。

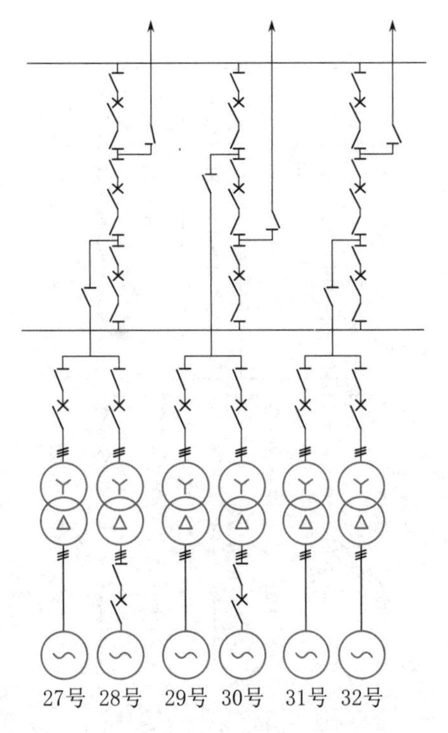

图 5-4 三峡地下电站简化电气主接线

三、主要电气设备

（一）主变压器

三峡电站采用 550/20kV、840MVA、三相一体式强迫油循环升压变压器 33 台，其中左岸电站 14 台和备用 1 台、右岸电站 12 台、地下电站 6 台，变压器高压侧均采用油/SF_6套管与 GIS 相连接，低压额定电流大，为 24240A，低压侧均采用干套套管与离相封闭母线相连接。

左、右岸电站主变压器布置在 82.00m 高程厂坝平台对应机组段的半封闭的副厂房内，纵向宽度约 14.6m，下游侧紧靠主厂房，变压器室上方为 GIS 室，屋顶高程为 107.00m。主变压器采用强迫油循环水冷却方式。选择该冷却方式是根据变压器布置的位置并结合各种影响因素确定的。变压器室面向上游侧大坝，坝顶高程 185.00m，右侧为 93.50m 高程的导墙，使 82.00m 高程厂坝平台为“凹”区，四面均比较高，而每个变压器室又是三面均为封闭的防爆墙，主变压器如采用强迫风冷，风只能向上游大坝方向吹，热空气向上流动，热气无法扩散，经模拟计算，可使厂坝平台小范围内环境温度上升 8～12℃，对布置在厂坝平台间的电气设备影响很大，它们的运行环境气温将提高 10℃，这不仅使布置在厂坝平台的电气设备制造难度增加、造价提升，在夏季对运行巡视人员极为不利，且还产生很大的噪声。而采用水冷方式，可减少厂坝平台的噪声又不影响环境温度，水电站在提供冷却水方面具有便利条件，但须解决江水中大量泥沙、杂草及腐蚀性成分等问题以防止冷却水管堵塞（葛洲坝二江电站变压器原采用 20 世纪 80 年代前的水冷却器，后由于冷却水管堵塞问题，被迫采用风冷。大江电站变压器一开始就采用风冷）。因此，工程设计单位与制造厂共同提出国家“九五”攻关专题“三峡主变压器直通防堵型水冷却器的研究”。1997 年国内研制的新型直通式防堵型水冷却器和德国生产的直通式水冷却器，在葛洲坝大江电厂16号机进行过水试验，经过3个汛期的试运行，证明效果很好，没有堵塞现象，最后左、右岸电站的主变压器选用水冷却方式。

右岸地下电站主变压器布置在150.00m高程的500kV升压站内，采用强迫油循环风冷方式。地下电站主变压器不采用水冷方式是因为变压器所在位置对周围环境影响不大，且冷却水源获取困难。

主变压器主要技术参数见表5-1，绝缘水平见表5-2。

表5-1　　左岸、右岸、地下电站主变压器技术参数

序号	名称	技术参数	序号	名称	技术参数
1	高压额定容量	840MVA	6	低压额定电压	20kV
2	阻抗电压	≥16.8%	7	噪声水平	≤80dB（A）
3	低压额定容量	840MVA	8	绕组联结	YNd11
4	高压额定电压	550−2×2.5%kV	9	局部放电	≤100pc
5	效率	≥99.75%			

表5-2　　主变压器绝缘水平　　单位：kV

部　位	雷电冲击耐压峰值		操作冲击耐压峰值	工频耐压有效值
	全　波	截　波		
高压	1550	1675	1175	680
低压	125	140	—	55
中性点	325	—	—	140
高压相间	—	—	1800	950
高压套管	1675	1800	1175	740
低压套管	125	140	—	55
中性套管点	325	—	—	140

结合当时国内变压器制造企业的实际情况，三峡左岸电站主变压器采用国际招标、技贸结合、技术转让、国内分包的方式。德国西门子股份公司TU变压器厂中标采购合同，同时负责技术转让。国内天威集团保定大型变压器公司（以下简称“保变”）和沈阳变压器有限责任公司（以下简称“沈变”）接受技术转让并分别承担4台、2台主变压器的制造任务。

三峡右岸电站和地下电站主变压器采用国内公开招标，重庆ABB变压器

有限公司和保变分别中标采购合同。

三峡电站自 2003 年 7 月首批机组开始发电至今，经受了各种运行方式的检验，由国内外制造的 32 台主变压器运行情况良好。

三峡电站国产与引进 500kV 主变压器见图 5-5 和图 5-6。

图 5-5　地下电站国产 840MVA/500kV 主变压器

图 5-6　左岸电站进口 840MVA/500kV 主变压器

基本评价：三峡左、右岸电站及地下电站国内外制造的主变压器性能优良，能安全、可靠、稳定运行。通过引进技术、合作生产，在消化吸收引进技术的基础上，再自主研发创新，国内企业在变压器设计、铁芯加工、线圈制造、绝缘件制作、变压器生产及装配等方面取得了长足的进步，掌握了大型升压变压器的核心技术，保变、沈变均具备了独立研发和生产 840MVA/500kV 三相变压器的能力，性能及技术参数已进入世界先进水平行列，实现了自主化设计与制造，为研发、生产 800kV、1100kV 变压器奠定了良好基础。

（二）气体绝缘金属封闭开关设备（GIS）

气体绝缘金属封闭开关设备（gas insulated metal - closed switchgear）是将断路器、隔离开关、接地开关、母线、避雷器、互感器等主要元件封闭于接地的金属壳体内（图 5 - 7），具有优越电气性能的气体绝缘金属封闭开关设备。

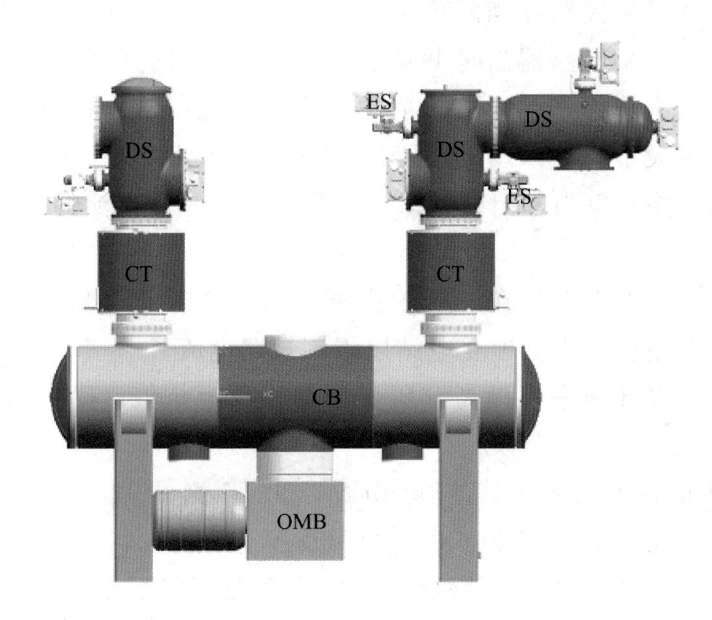

图 5 - 7　三峡地下电站 GIS 设备断面布置图（局部）

CB—断路器；DS—隔离开关；ES—接地开关；

OMB—操动机构；CT—电流互感器

三峡左、右岸电站 500kV GIS 及附属设备布置在上游副厂房 93.60m 高程的 GIS 室内，左岸 GIS 室净尺寸约为 581.5m×15m（长×宽）；右岸 GIS 室净尺寸约为 544.4m×16.7m（长×宽）。GIS 室下层为 82.00m 高程，布置有主变压器和 500kV 并联电抗器等设备，GIS 与主变压器和并联电抗器等设备采用油/SF_6 套管连接。GIS 室上层为副厂房顶，高程为 107.00m，布置有 GIS 空气/SF_6 出线套管、电压互感器、避雷器等 500kV 出线设备，通过空气/SF_6 出线套管与 500kV 架空出线连接。

三峡地下变电站500kV GIS及附属设备布置在地下电站上150.00m高程的GIS楼内，GIS室净尺寸约为188.8m×16.4m（长×宽），GIS楼内151.50m高程布置有主变压器，户外布置550kV并联电抗器等设备，GIS楼顶布置有空气/SF_6出线套管、电压互感器、避雷器等500kV出线设备，通过空气/SF_6出线套管与500kV架空出线连接。

在高压配电装置选型中，对断路器的额定开断容量进行了设计论证：三峡工程开展初步设计时，国内只能生产开断电流50kA的500kV断路器，若在枢纽内三峡左、右岸电站间，在500kV超高压侧直接进行电气连接，当500kV线路发生三相短路时，据计算，断路器的开断电流不小于70kA。1992年在与当时世界上著名的各电器设备制造厂家进行深入技术交流时，了解到额定开断电流63kA的500kV断路器当时已可批量生产并已列为IEC标准，额定开断电流80kA的500kV断路器当时世界上仅个别电器制造厂家生产过试用产品，质量难以保证且为非标产品，造价大幅提升。若能将三峡电站500kV三相短路电流限制在不大于63kA，可选用额定开断电流63kA的500kV标准断路器。对此，长江设计院与电力部门共同研讨了限制三相短路电流的对策，采取措施如下：

（1）三峡左、右岸电站在三峡工程枢纽内500kV侧不采用直接的电气连接，左、右岸电站相当于是独立电站以限制短路电流。

（2）在电站设计中适当提高升压变压器正序电抗值，阻抗值由15%提高到16.8%。

采取上述措施后，经计算三峡电站500kV侧的三相短路电流不大于63kA，选用了额定开断电流为63kA的500kV断路器。

由于在三峡左岸电站GIS招标时，国内企业当时能生产的产品主要技术参数（断路器额定电流3150A、额定短路开断电流50kA）无法满足需要，且大容量灭弧室、液压操动机构、气体绝缘套管、绝缘拉杆等关键部件，国内尚不能生产，均需要进口，不能独立承担三峡工程GIS的设计制造。因此，三峡左岸电站GIS采用国际招标、技贸结合、技术转让、国内分包的方式。ABB高压技术有限公司（以下简称“ABB公司”）中标采购合同并负责技术转让，国内西安西电开关电气有限公司（以下简称“西开电气”）、新东北电气（沈阳）高压开关有限公司（以下简称“沈开公司”）接受技术转让，并承担不小于25%分包份额。

左岸电站GIS共39间隔，由ABB公司主包，西开电气共承担3个间隔的GIS，主要承担的设备有3台断路器、11组隔离开关、13组接地开关、1组快速接地开关、2604.311m母线VG3、24个油气套管HT3、81个并联补偿器 VP3、47 个 T 形布置母线接头 VT3、25 个直角形布置母线接头 VL3、6 个电抗器套管等。沈开公司共承担 5 个间隔的 500kV GIS，主要承担的设备有 5 台断路器、11 台隔离开关、11 台接地开关、10 台电流互感器及 3000m 母线。2003 年 7 月 10 日三峡左岸首台 14 号机组并网发电，到 11 月 22 日首批 6 台机组相继投产发电；2005 年 9 月三峡左岸 14 台机组全部并网发电。三峡左岸电站自投运以来，GIS 设备运行良好。通过三峡左岸 500kV GIS 的生产制造，国内公司掌握了 500kV GIS 的设计、生产、试验及现场安装技术。

右岸电站 GIS 共 36 个间隔，采用国内公开招标，由西开电气、沈开公司主包，ABB 公司分包部分设备的生产制造，其中西开电气中标 18 个间隔（右二电厂），沈开公司中标 18 个间隔（右一电厂），西开电气、沈开公司与 ABB 公司签订分包合同并负责三峡右岸 500kV GIS 总体设计，在技术上总负责。西开电气承担的主要制造任务有：1 台断路器、23 组隔离开关、34 组接地开关、54 台电流互感器、116m 主母线、942.2m 分支母线、250 个母线弯头、78 个波纹管及 18 个变压器连接单元等；沈开公司承担的主要制造任务有：7 台断路器、18 台隔离开关、114 台接地开关、42 台电流互感器及 2400m 母线。2007 年 6 月 11 日三峡右岸首台 22 号机组并网发电，2008 年年底，三峡右岸 12 台机组全部投运。自投运以来，三峡右岸电站 GIS 设备运行良好。继三峡左、右岸电站之后，国内企业相继在三峡外送的上海华新、大唐宁德工程中采用了 ELK3 型 500kV GIS 技术。通过几个工程项目的合作和国产化研制的不断深入，国内公司掌握了 ABB 公司 ELK3 型 500kV GIS 技术，具备了设计、生产及安装 ELK3 型 500kV GIS 的能力。

地下电站 GIS 共 17 个间隔（图 5-10），全部由西开电气中标并独立供货。西开电气在消化吸收引进技术的基础上，进行了再创新，首次采用拥有自主知识产权、控制保护一体化的 GIS 技术，技术方案通过了三峡建委办公室、中国机械工业联合会以及三峡集团公司的联合评审。三峡工程地下电站 GIS 设备具体情况是：17 台断路器、36 组隔离开关、47 组接地开关、6 组快速接地开关、114 台电流互感器、9 只空气/SF_6 出线套管、控制柜和保护柜 38 面、18 台电压互感器、21 台避雷器。设备采用一倍半接线方式，右岸电站与地下电站设 1 回 550kV 连接线，共计 17 个间隔的 500kV GIS 设备（图 5-10 和图 5-11）。2011 年 5 月 24 日三峡地下电站首台 32 号机组并网发电，2012 年 7 月，三峡地下电站 6 台机组全部投运。自投运以来，三峡地下电站 GIS 设备运行良好。

左岸、右岸、地下电站 GIS 配电装置的主要参数见表 5-3。

表 5-3　　左岸、右岸、地下电站 GIS 配电装置的主要参数

序号	名　称	技术参数
1	最高运行电压/kV	550
2	额定电流/A	4000，5000
3	主母线电流/A	4000，6300
4	额定频率/Hz	50
5	额定短路开断电流/kA	63
6	额定短时耐受电流（3s）/kA	63
7	额定峰值耐受电流/kA	171
8	短时工频耐受电压/kV	790
9	额定雷电冲击耐受电压（对地/断口）/kV	1675/1675+450
10	额定操作冲击耐受电压（对地/断口）/kV	1300/1300+450

基本评价：三峡电站采用的 500kV GIS 配电装置经过各种运行方式的考验，能安全、可靠输送三峡电站的电力、电量，证明对 GIS 开关设备的选用是科学、合理的（图 5-8 和图 5-9）。通过引进技术、合作生产，在消化吸收引进技术的基础上，再自主研发创新，国内企业在 500kV GIS 配电装置设计、断路器大开断电流灭弧室、液压操作机构、绝缘件、出线套管等关键零部件的设计、制造方面取得了长足的进步，掌握了 500kV GIS 配电装置的核心技术，西开电气、沈开公司具备了生产额定开断电流为 63kA 的 500kV GIS 配电装置的能力，性能及技术参数已进入世界先进水平行列，为研发、生产 800kV、1100kV GIS 奠定了良好的基础。

图 5-8　2002 年交付使用的左岸电站 500kV GIS 配电装置

图 5-9　2006 年交付使用的右岸电站 500kV GIS 配电装置

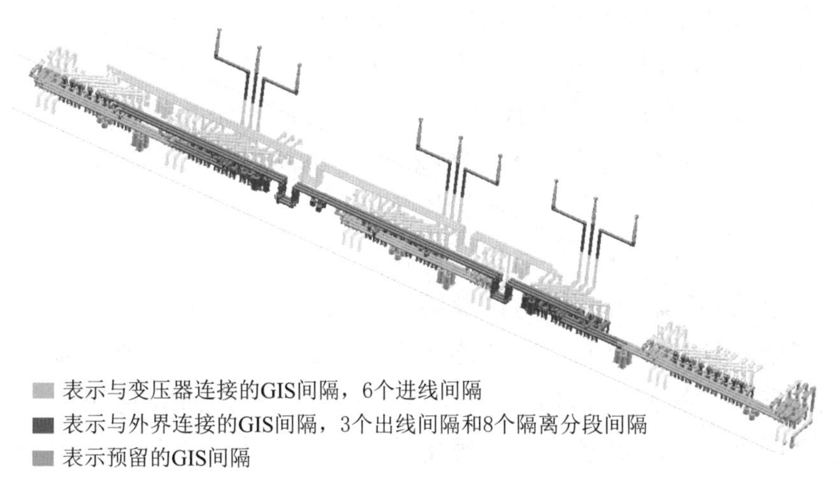

图 5-10　三峡地下电站 17 个间隔 GIS 总体布置图

图 5-11　2011 年交付使用的三峡地下电站 GIS

四、自动化系统及装置

三峡—葛洲坝梯级枢纽是长江干流上第一个大型综合利用的水利水电梯级开发工程，具有防洪、发电、航运、水资源保护等综合经济效益。三峡水利枢纽由大坝、左右岸坝后式电站和右岸地下电站、通航设施等主要建筑物组成。泄洪坝段位于河床中部，设有23个深孔和22个表孔。左、右岸和地下电站分别装机14台、12台和6台混流式水轮发电机组，单机容量均为700MW，另外在左岸升船机航道右侧山体内兴建了2台单机容量为50MW的电源电站。通航设施有设在左岸的双线连续5级船闸和齿轮齿条垂直升船机。距三峡水利枢纽下游40km建有葛洲坝水利枢纽，是三峡工程的航运梯级和反调水库，包括大江电厂、二江电厂、500kV变电所、220kV开关站以及3座一级船闸、1个泄水建筑物和2个冲沙闸等。三峡—葛洲坝梯级枢纽自动化系统共涉及水轮发电机组55台、总装机容量2521.5万kW的6个电站厂房，4座500kV升压站和1座220kV开关站，集中控制的各类泄洪、排漂及冲沙闸门共计75扇，3座一级船闸、1座双线连续五级船闸和1座升船机，同时还必须准确、及时收集枢纽控制流域内的雨情、水情、气象等信息。

三峡—葛洲坝梯级枢纽自动化的监视及调度控制范围包括三峡及葛洲坝的库区水情气象及环境、水库的防汛及蓄水、大坝安全、电站发送电、通航及枢纽的环境安全，具有涉及面广、功能齐全、可靠性和实时性要求高、技术复杂而先进等特点。三峡梯级枢纽调度自动化监控涉及方面和地域之广、对象之多、规模之巨大、对国民经济及人民生活影响之重大，在国内外水电站建设中尚属首次。

经重点攻关和多年设计研究的成果表明：从确保梯级枢纽的安全可靠运行，实现防洪、发电、航运、水资源利用等综合效益最大化和方便运行管理出发，必须对梯级枢纽运行进行联合统一调度，这是实现梯级调度管理自动化的一个好方案。

为此，通过对综合自动化总体方案的多个方案进行长期研究比选后，工程采用的方案为：设立1个梯级调度中心，并以梯级调度为中心，下设左岸电站（含泄水闸和电源电站监控）、右岸电站、地下电站、西坝三峡总公司（原三峡集团公司总部所在地）、葛洲坝枢纽、双线5级船闸、升船机、消防指挥中心等分系统，根据不同情况在分系统下设相应的现地子系统，具体涉及计算机监控和监测、枢纽内外通信、继电保护、故障录波、消防报警、工业电视等。三峡梯级调度中心设置三峡水调自动化系统和三峡梯级调度计算机监控系统，作为生产调度的基本平台，分别承载三峡梯级枢纽水库调度和电力调度业务。三峡水调自动化系统是为了满足三峡工程发电梯级水库调度的需要，并兼顾三峡工程初期运行期和正常运行期水库调度要求，建立的1套集水情信息采集、水文预报、水库调度、会商查询、水情信息发布等功能为一体的水库调度作业系统。三峡梯调计算机监控系统按照对梯级各水电站联合调度、统一对外、无人值班、少人值守的原则进行设计，具有对梯级各电站及泄水闸进行数据采集与处理、安全监视、运行调度、操作控制和管理等功能，同时负责接受上级调度部门下达的各项指令，向上级调度传送所需的数据，对整个梯级枢纽进行有效的监视、调度、控制及管理。另外，三峡梯调还建立了三峡永久通信系统、三峡泥沙信息分析管理系统、气象信息综合分析处理系统、电量计费系统、安稳系统及web信息发布系统等自动化业务系统。三峡工程自动化系统总体结构见图5-12。

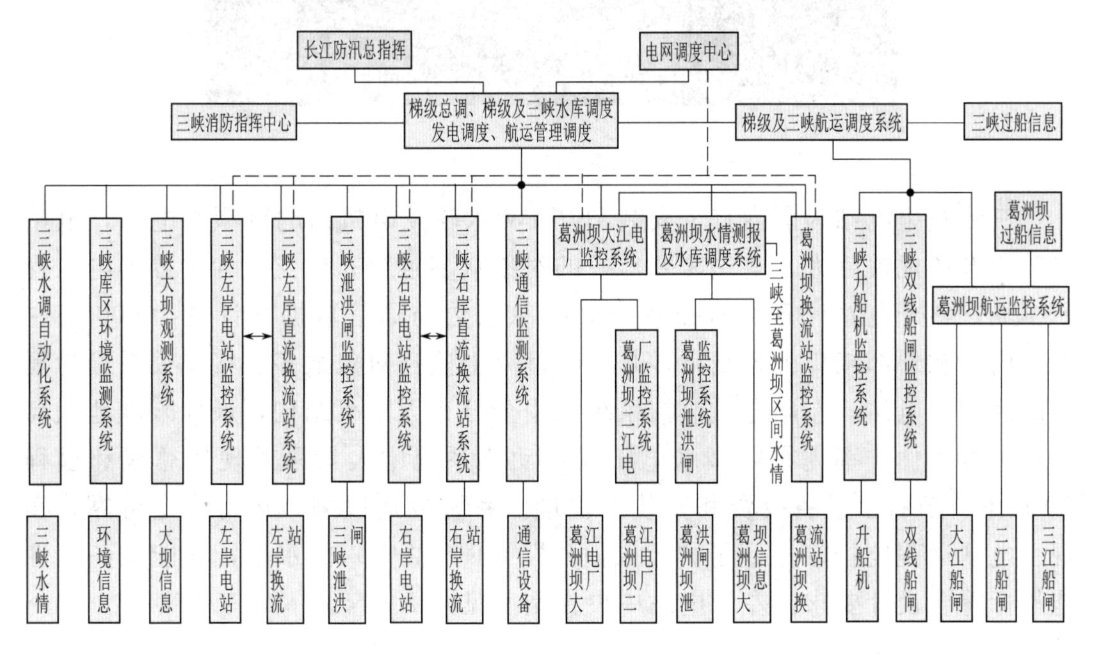

图5-12 三峡工程自动化系统总体结构

三峡梯级调度自动化系统负责三峡—葛洲坝梯级枢纽的防洪和水库优化调度、25215MW（三峡电站32×700MW＋50×2MW、葛洲坝电站2715MW）的发电调度及航运调度。根据三峡梯级枢纽的管理方式，在系统硬件的配置及布置上，将梯级发电调度与梯级水库及航运调度分别设置。三峡梯调计算机监控系统实现对三峡及葛洲坝各电站的远程集中监视及控制，接收国家电力调度中心和华中网调调度指令对梯级电站进行发电调度。

自投运以来，三峡梯级调度自动化系统数据、网络通信畅通，实现了对三峡—葛洲坝梯级防洪、蓄水、发电与航运的统一指挥调度和监控。针对三峡—葛洲坝电站可能出现的多种运行组合，研究和确定了三峡梯级实时自动发电控制（AGC）/经济运行（EDC）调度模式，有效地保证了梯级枢纽及电站的安全及经济运行。三峡—葛洲坝梯级调度室见图 5-13。

图 5-13　三峡—葛洲坝梯级调度室

三峡左岸电站为国内首个安装 700MW 水轮发电机组的巨型水电站，电站自动化系统规模巨大，电站需要监控的对象众多且分布广泛，为世界水电工程所罕见，整个电站计算机监控系统 I/O 总点数与通信数据共计达 50000 点左右，内部和外部接口关系复杂，是当时世界上监控对象最多、接口关系最为复杂的巨型水电站。左岸电站监控系统采用全分布无主机结构，最大限度地提高了系统可靠性；率先在巨型水电工程自动化系统中大量采用现场总线和远程 IO 技术，节省了设备投资和安装工程量。系统投运以来，运行稳定可靠，实现了电站远程监控，达到了“无人值班”（少人值守）的水平，功能及各项性能指标符合设计要求。左岸电站中央控制室见图 5-14。

图 5-14　左岸电站中央控制室

右岸及地下电站计算机监控系统在国内首次提出并成功开发了三网四层的分层分布开放系统结构，创新性提出了星-环结合的控制网结构，成功地实现了与右岸电站首台机组发电同期投运，并满足右岸电站与地下电站分期投运的要求。系统采用多链路、多线程处理技术，自适应、自学习算法确定 AGC 频差系数等先进技术，运行稳定、性能指标达到设计要求。

基本评价：三峡梯级枢纽及电站自动化系统设计合理、技术先进、功能齐全、性能指标优良、运行稳定、安全可靠，满足工程设计要求，保证了梯级枢纽电站、泄水建筑物、通航设施、消防等的自动监控与安全稳定和效益最大化运行，实现了调度监控及运行管理的自动化，达到了三峡工程可行性论证时提出的目标要求。三峡梯级枢纽计算机监控系统具有良好的开放性、灵活性和对电站机组分期投入良好的适应性，能较好地满足三峡电站在短时间内多台机组投产发电、送电自动化监控的要求，为加快工程的建设发挥了良好的作用。

第 六 章

枢纽的金属结构及桥式起重机评估

一、枢纽的金属结构

三峡工程主要由挡水及泄洪建筑物、发电建筑物、通航建筑物等3大建筑物组成。工程的泄洪、发电建筑物设置的金属结构具有工程量大、品种多、技术难度大等特点。

泄洪建筑物共设22个表孔、23个深孔和22个导流底孔，另在纵向围堰和厂坝间导墙上各设1个排漂孔。左岸电站设有14台机组的14个进水口和42个尾水出口。右岸电站设有12台机组的12个进水口和36个尾水出口。在左、右岸电站安Ⅱ、安Ⅲ段及相应的挡水坝段设有排沙孔。地下电站设有6台机组的6个进水口和12个尾水出口。为实现地下电站进口门前清淤，每相邻的进水塔间共设3条排沙支洞，其后合为1条总洞。在泄洪坝段左侧导墙坝段和右侧纵向围堰1号坝段分别布置1个泄洪排漂孔，孔底高程均为133.00m。

（一）泄水建筑物金属结构

根据枢纽总体布置和分期蓄水方案的泄洪要求，分为施工期围堰挡水发电期，水位135.00m。初期运行期水库正常蓄水水位156.00m，防洪限制水位135.00m，千年一遇洪水最高库水位170.00m。永久运行期正常蓄水位为175.00m，防洪限制水位为145.00m，千年一遇设计洪水水位为175.00m，万年一遇校核洪水位为180.40m。按此要求，在河床中部泄洪坝段不同高程自上而下设有3层泄洪孔道，即表孔、深孔和导流底孔。表孔、导流底孔在平面上与深孔相间布置。3层泄水孔道共67孔。第一层为22个表孔，堰顶高程158.00m，孔口尺寸8m×17m（宽×高），每孔设平面事故检修门和平面工作门，两种闸门结构相同；第二层为23个泄洪深孔，进口高程90.00m，孔口尺寸7m×9m（宽×高），每孔设有反钩叠梁平面检修门、平面定轮事故门、弧形工作门；第三层为22个导流底孔，进口高程为56.00m，孔口尺寸均为6m×8.5m（宽×高），每孔设有进口反钩叠梁式封堵检修门、平面定轮事故门、弧形工作门、出口反钩叠梁式封堵检修门，在三峡工程建设期用于导流，已于2008年进行封堵。此外，在大坝左导墙坝段和右纵1号坝段分别布置1个排漂孔，各设有1扇弧形工作门，在其上游设1扇共用的平面定轮事故门。上述深孔、底孔和排漂孔弧形工作门均采用液压启闭机操作，其他闸门均由坝顶门机操作启闭。各闸门及启闭机主要参数见表6-1。

表6-1 泄洪建筑物闸门及启闭机主要参数

部位	项目	孔口尺寸（宽×高）/(m×m)	设计水位/m	校核水位/m	启闭机/容量
泄洪深孔	检修叠梁门	9.6×14	175.00	175.00	坝顶门机副钩/2×630kN
	定轮事故门	7×11	175.00	175.00	坝顶门机主钩/5000kN
	弧形工作门	7×9	175.00	180.40	液压启闭机4000/1000kN
导流底孔	检修叠梁门	8.4×16	156.00		坝顶门机副钩/2×630kN
	定轮事故门	6.×12	135.00	140.00	坝顶门机主钩/5000kN
	弧形工作门	6×8.5	135.00	140.00	液压启闭机3500/1000kN
	出口封堵门	6×20.2	73.80		临时施工机械/200kN
泄洪表孔	平面事故门	8×17	175.00		坝顶门机主钩/5000kN
	平面工作门	8×17	175.00		坝顶门机主钩/5000kN
排漂孔	定轮事故门	10×15.426	175.00	180.40	坝顶门机主钩/5000kN
	弧形工作门	10×12	175.00	180.40	液压启闭机2×2000kN

（二）左、右岸电站建筑物金属结构

左、右岸电站布置在泄洪坝段两侧，其金属结构布置完全相同。厂房机组采用单机单管引水，设有拦污栅、检修门、事故门、引水压力钢管及尾水门等，在电站进水口和尾水平台上设有用于启闭上述各类闸门的机械设备。

进水口拦污栅及启闭设备：位于坝轴线上游12.5m处的进水口平台上，设有平面式拦污栅，每台机组的拦污栅均由六跨组成，每跨净距4.75m，栅高47m，机组的所有拦污栅互通。拦污栅由栅墩上设置的栅槽支承，各栅墩上设两道栅槽，其中前一道为工作栅槽，后一道为备用栅槽。由厂房坝段坝顶设置的2台4500kN门式起重机和1200kN悬臂吊吊运。

进水口反钩检修门及启闭设备：检修门布置在机组进水口喇叭口前沿，为

减少常规门槽造成的水头损失，采用反钩式小门槽。闸门孔口尺寸为12.210m×18.070m（宽×高）。由厂房坝段坝顶设置的两台4500kN门式起重机及自动挂钩梁静水启闭。

电站进口快速门及启闭设备：在进水口检修门后，引水钢管渐变段前设有平板定轮快速门。当压力管道及发电机组出现事故时，快速门可动水快速关闭并截断水流。孔口尺寸为9.2m×13.2m（宽×高），每孔1扇，分别由1台8000kN/4000kN液压启闭机及吊杆与闸门连接。动水闭门、平压静水启门。

尾水门及启闭设备：尾水门用于机组检修期挡下游尾水。由于机组制造厂不同，出现两种形式的尾水管，两种尾水孔口高度不等，相差149mm。尾水门采用统一尺寸，闸门孔口尺寸为9.6m×9.413m（宽×高），按孔口高者设计。因此为使闸门能用于两种尾水管，两种尾水管门槽顶止水位置高度应与闸门孔口尺寸相配合。闸门数量42扇（左岸与右岸厂房共用）。尾水门采用平压静水起吊，由82.00m高程尾水平台设置的2×1250kN门机借助自动挂钩梁起吊。

（三）右岸地下电站建筑物金属结构

右岸地下电站装机6台，一机一洞单管引水，金属结构包括进水塔金属结构、引水压力管道钢衬、尾水金属结构等。设有27～32号机进水塔，在进水塔内分别设有拦污栅、检修门、快速门等。塔顶平台上布置坝顶门机和快速门液压启闭机。此外，为实现电站进口门前清淤，设有排沙洞，每相邻的进水塔间共设3个排沙支洞，其后合为1条总洞。每个排沙支洞进口均设有事故挡水门，与电站进口共用坝顶门机。排沙洞设有钢板衬砌。

1. 拦污栅

电站进水口拦污栅布置在进口最前沿，为贯通式平面活动拦污栅，每机进口由混凝土隔墩分成6孔，孔宽均为4.75m，底坎高程110.00m，每孔隔墩上都有工作栅槽和备用栅槽各1道，拦污栅结构型式采用平面直立型式。由设于塔顶的双向门机回转吊起吊，容量为1000kN。机组运行时拦污栅通过吊杆锁定于坝顶。

2. 检修门

门槽设置在引水洞进水塔内，孔口尺寸为9.6m×15.86m（宽×高），底坎高程113.00m，设计水位175.00m。6台机组和6个检修门槽共用1扇检修闸门，闸门结构型式为平板滑动闸门，上游面止水，操作方式为闸阀式平压阀充水平压，静水启闭。检修门平时存放于进水塔顶门库内，检修时由进水塔顶双向门机主钩配以自动抓梁操作，进水塔顶双向门机共设 1 台，容量为 3800kN。

3. 快速门

进水口快速门（图 6－1）设在进水口检修门槽下游侧，快速门每孔 1 扇，共 6 套门槽 6 扇闸门。当机组发生事故时快速门能快速动水下闸，以保护钢管和防止机组事故的扩大。闸门为平板定轮门，孔口尺寸为 9.6m×15.28m（宽×高），底坎高程 113.00m，设计水位 175.00m，校核水位 180.40m。操作方式为动水快速闭门，平压静水启门，平压方式为平压阀充水平压。由 8000kN/4000kN 液压启闭机操作。液压启闭机借助吊杆与门体相连，采用一门一机布置。

电站快速门吊装、闸门液压启闭机油泵系统分别见图 6－1、图 6－2。

图 6－1　电站快速门吊装

图 6－2　闸门液压启闭机油泵系统

4. 尾水门

尾水系统采用一机一洞变顶高方案，在尾水洞出口处设尾水检修门，每台机尾水洞出口中间由隔墩分为两孔，6 台机组共 12 个出口。尾水洞出口孔口尺寸为 7.50m×24.40m（宽×高），底坎高程 46.50m，下游设计水位为 76.40m（P=0.1%洪水尾水位），闸门静水启闭，平压开启，尾水平台布置 1 台 2×1600kN 单向门式启闭机操作。

5. 压力钢管

电站引水压力钢管由斜直段、下弯段、下平段和厂内过渡段组成。钢管直径为 13.5m，下平段过渡到直径为 12.4m 与蜗壳连接，每条压力钢管轴线长 89.43m。上弯段、斜直段、下弯段为地下埋管。下平段和厂内过渡段按明管设计。

6. 排沙建筑物金属结构

3 个排沙支洞进水口设事故挡水闸门，共设 3 套门槽 3 扇闸门，在排沙洞不排沙时用于挡水，孔口尺寸为 4.0m×4.63m（宽×高），底坎高程 102.00m，设计水位 175.00m，校核水位 180.40m，为平面定轮闸门。由进水塔顶双向门机主钩配以自动抓梁操作。排沙洞全断面均采取不锈钢复合钢板衬护，整个排沙孔管道均为圆管，其中支洞直径为 4m，主洞圆管直径为 5m。

（四）金属结构设备关键技术研究

可行性论证及单项技术设计期间，根据三峡工程设备设计的需要，开展了泄洪及电站闸门运行条件关键技术研究工作，并将研究成果应用于工程设计中。

1. 泄洪闸门关键技术研究

根据三峡工程的运行特点，深孔闸门是三峡枢纽最重要的泄洪控制设备，运行工况非常复杂，为此开展了：①深孔工作闸门水力特性问题研究。应用全水弹性材料及理论模拟闸门实际运行工况对闸门流激振动及可靠度进行了试验研究分析，为闸门结构设计安全运行提供了可靠依据。②高水头闸门止水形式是深孔闸门的关键部件，通过调研及模型试验验证，选定了三峡泄洪深孔闸门采用不突扩的止水布置形式，简化了泄洪大坝结构布置。③大孔口高压平板闸门支承结构及支承材料的研究。对大孔口平板定轮门支承材料、结构及相应制造工艺进行了深入研究，解决了三峡大直径高承载力定轮支承难题。

2. 电站建筑物金属结构关键技术研究

对电站进水口，通过优化拦污栅条断面形状，研究不同拦污栅结构布置等对水头损失的影响，确定较优的拦污栅结构及体型，减少水头损失，提高发电效益。

排沙底孔高压闸阀水力学条件复杂，通过模型试验对排沙孔闸门启闭过程中的流态及空化特性、门槽体型及闸门底缘布置、闸门水力特性同开度的关系进行分析研究，确定了闸门设计参数。

三峡电站压力钢管下平段过渡到直径为12.4m与蜗壳连接，重点对超大型引水压力钢管高强合金钢选材及伸缩节型式进行研究。引水压力管道采用了“套筒式伸缩节加设不锈钢波纹水封”的伸缩节结构型式，解决了传统伸缩节易泄漏，维修周期长，且维修工作量大等问题，具有对厂坝之间不均匀沉降或错动适应性强、不泄漏、免维护、易于制造安装及运行管理等特点。

3. 金属结构防腐蚀研究

三峡工程金属结构总量约27万t，针对其所处环境工况的特殊性与复杂性，进行了长效防腐蚀方案及涂装配套体系设计研究，如对各种设备母体材料根据其运行条件选用不同除锈工艺、涂装材料及配套方案等。从1995年开始对试件挂片进行长江水全浸、干湿交替浸渍环境下及在含泥沙水中流速耐磨损磨蚀等性能试验，确定并形成三峡工程防腐配套方案。经过三峡工程永久设备10多年的实践考验和验证证明，其防护效果达到了预期要求。

（五）制作及工艺

为保证金属结构的高可靠性和使用的长期性，金属结构件的生产制造遵循以下基本技术条件和要求。

1. 通用技术条件

（1）严格遵循设计条件和国家规定、部颁标准进行工艺设计。

（2）设计、制造的闸门、启闭机及其电气设备要求技术先进、安全可靠、经济合理，便于安装、维修、操作管理。

（3）在确保闸门、启闭机设备安全运行的前提下，当经济指标合理时，设计应尽可能采用当代最新、最先进的技术。

（4）设计中闸门、启闭机的结构及总拼装型式要符合国家关于铁路、公路以及水路运输的有关规定。

（5）设备要造型美观，线形流畅，表面平整光滑，色彩协调美观。

2. 材料

（1）金属材料。金属结构及机械设备制造所用的金属材料包括黑色金属材料和有色金属材料，应符合施工图样的规定，其机械性能和化学成分必须符合现行的国家和部颁标准，并具有出厂合格证；进口材料同样应按上述规定执行。

（2）标准件及专用配套件。①标准件系指各种标准组件、零件及专业厂家生产的产品及标准设备；②采购的标准件应符合施工图样的型号、技术参数、性能指标、等级等要求，并须随件附有出厂合格证明并应进行检验及测试，认定合格后才可采购；③所采购的专用配套件应符合施工图样、技术文件上的规定，如需更改，必须经许可才能替换，并应做详细记录备案；④所采购的专用配套件应按施工图样和技术文件上规定的零件和组件配套，对零件和组件如需替换，必须经认可后才能替换。

3. 结构工艺和焊接工艺

各项金属结构和机加工件的下料、焊接及焊后热处理、组装、总成必须严格编制好工艺文件及焊接规范。制作过程中应随时进行检测，严格控制焊接变形和焊缝质量。对于复杂构件和精度要求高的机加工件应事先做好样板工件，以评定工艺，确保工件质量。特殊钢种以及厚板焊接必须在制作前做好焊接工艺评定，经监造工程师认可后才能投产。

4. 组装

（1）用于金属结构制造的型钢或组焊而成的单个构件（含型钢）应进行校正整平，其偏差应符合规范的规定。

（2）对零部件的加工（热处理、电镀）和装配必须按施工图样和规范的规定执行。

（3）滚珠轴承、滚轮、支铰、侧轮等装配应严格进行装配检查，清理干净，涂充合成锂基润滑脂；支铰轴、吊轴、不锈钢止水座板，不锈方钢，不锈钢标准件均应涂上黄油，必要时加盖油纸保护。

（4）金属结构和机械设备进行组装时对各部分尺寸、形状、位置、公差配合必须与施工图样一致并符合有关规定，全部组装合格并经必要的厂内试验，经监造工程师认可并通过业主验收后，才能出厂。

（5）大型闸门、启闭设备及埋件要求逐个在工厂整体预拼装，各部分尺寸均应符合施工图样及规范规定。

（6）根据运输条件和现场吊装能力，分块构件的工地安装焊缝必须在工厂加工好坡口。组装时，主要位置中心线及拼合标记、件号等均应在工厂打上明显记号，并设置安装定位板。

（7）运输单元刚度不够的部位，应采取加强刚度措施，以保证运输途中不变形。

5. 设备安装

（1）在进行闸门、门槽等埋设件或启闭机安装时，必要时应首先对该扇闸门或门槽埋件、启闭机的全部构件、结构总成或机械总成等进行拼装检查。①检查该闸门或门槽、启闭机的工厂制造是否齐全，各部件在运输、存放过程中有否损伤。②检查各部件在拼接处的安装标记是否属于本扇闸门或门槽埋件、启闭机的部件或总成。凡不属于本扇闸门、门槽埋件、启闭机的部件或总成，不准许组装到一起。不论这种组装是否合适，必须找到属于本扇闸门、门槽埋件、启闭机的部件或总成，才能进行安装。③在组装检查中发现损伤、缺陷或零件丢失等，应进行修整，补齐零件后才准许进行安装。

（2）门槽埋设件安装前，应先对一期混凝土预留槽尺寸进行检测检查。

（3）所有的一期混凝土与二期混凝土的结合面，应在门槽埋设件安装之前进行深凿毛，并用高压水将碎屑、浮尘清理干净。

（4）主要的现场安装焊缝（一、二类焊缝），应由承包人采用超声波方法进行检查。在超声波检查过程中发现缺陷的部位，如不能判断是否须返工处理时，应再使用X射线拍片检查。

（5）对有缺陷的安装焊缝，应由承包人修理。重新焊接并再进行检查，直到合格为止。

（6）在安装工作之前，对到货的设备总成进行检查和必要的解体清洗。对应该灌注润滑油脂的部位，应灌足润滑油脂。

（7）闸门、启闭机等构件及设备安装完成后，应进行必要的维护保养，直至移交。

6. 安装调试试验

（1）各机构单体运行性能调试。

（2）各机构联动空载全行程运行试验。

（3）各机构联动静负荷试验（无水试验）。

（4）各机构联动动负荷试验（有水试验）。

有关试验要求按使用说明书、负荷试验大纲和国家及部颁有关标准、规范执行。

7. 金属结构防腐蚀工艺

（1）防腐蚀设计原则。

1）对经常处于水下或干湿交替环境，且不易检修或检修对发电、泄洪有较大影响时，其保护年限要求达到 20 年以上。

2）对虽然经常处于水下或干湿交替环境，但比较易于检查维修且对发电、泄洪无大影响者，其保护年限要求达到 15 年以上。

3）对水上大气环境包括室外与室内、使用条件较好的保护年限要求达到 25 年以上，包括各类的启闭机等。

4）对特别重要部位及高流速区，采用抗冲耐磨不锈钢复合钢板全断面或局部钢衬砌，如泄洪深孔、排沙孔和船闸输水廊道等部位。

5）对外观质量考虑到作为风景旅游景点的需要，除外观颜色要与邻近建筑物协调外，更重要的是要求能耐阳光、雨水等的侵蚀，其保色、保光性高，要求在 10～15 年内颜色光泽不会出现明显的变化和粉化现象。

（2）表面处理。一般应采用喷射方法除锈，喷射处理所用的磨料必须清洁、干燥，并符合有关规范规定，喷射处理后基体金属清洁度等级不低于 GB/T 8923—1988《涂装前钢材表面锈蚀等级和除锈等级》中规定的 Sa2 1/2 级，对与混凝土接触表面其清洁度应达到 Sa2 级。

（3）涂装材料。

1）用于防腐蚀的涂装材料，应是经过工程实践，证明其综合性能良好的产品，对所选用的涂料应注意其质量标准，首先选用符合国家或行业已有标准的涂料品种系列，涂料应配套使用，同时要注意底、中、面漆的配套性能，底、中、面漆最好选用同一家的产品。

2）涂装材料生产厂家从原料采购到生产工艺各工序都应按 ISO 质保体系进行规范化管理，所用原料必须合格。对采用金属喷涂的金属丝材料除纯度、直径等应符合国家有关规定及设计要求外，其锌铝合金丝的合金比例成分亦应符合设计要求。

（六）枢组金属结构基本评价

自 2003 年 7 月三峡工程水库蓄水、首批机组发电、通航以来，在洪水期、枯水期的各种运行水位和运行工况下，通过对泄水闸门启闭控制水库水位和水流、排沙孔排沙等以及在电站各种运行方式下进行相应的闸门启闭等运行实践，表明上述金属结构设施启闭正常，能长期安全可靠运行，达到了工程要求。

二、电站厂房桥式起重机

三峡电站机组最重的起吊部件为发电机转子，重约 2000t、直径约 18m，

其起吊定位精度为毫米级，需要两台桥机并车起吊，对电站厂房桥式起重机提出了很高的要求。针对此要求，国家开展专项进行了相关课题研究，研制出三峡电站所需的巨型桥式起重机。三峡左岸电站、右岸电站以及地下电站各配置了 2 台 1200/125t 单小车桥式起重机（主要技术参数见表 6-2），均由太原重工股份有限公司（以下简称“太原重工”）供货，为当时世界上单钩起重量最大的桥机，而且跨度大、起升高度高，调速性能、安全措施、检测手段等方面的技术指标均按高标准设计、研制，代表当时桥式起重机设计、制造的最高水平。在 32 台 700MW 机组安装中，桥机并车起吊水轮发电机转子（图 6-3）时同步运行精准、性能良好，满足工程使用要求。

表 6-2　　1200/125t 桥机主要技术参数

序号	项目			参数
1	起重量/t	总起重量		1200+125
		主吊钩		1200
		副吊钩		125
2	起升高度/m	主吊钩		34
		副吊钩		37
3	起升速度/(m/min)	主钩	重载调速范围	1.5～0.15（400t 以上）
			轻载调速范围	3.0～0.1（400t 以下）
		副钩	调速范围	4.0～0.4
4	运行速度/(m/min)	大车		22.0～2.2
		小车		8.5～0.85
		副钩小车		13.0～1.3
5	调速方式			主、副起升机构和大、小车运行机构均为交流变频无级调速
6	起重机工作级别			见表 6-3
7	桥机跨度/m			33.6
8	大车轨道			QU120
9	桥机主要控制尺寸/m	整机高度（从大车轨面算起）		＜9.0
		整机宽度		≤17.5
		主钩吊环中心至轨顶最小距离		≤1.1（轨顶下）
10	起重机最大轮压/kN			≤1100
11	大车的最大撞击力/kN			≤270

表 6-3　　1200/125t 起重机工作级别

工作级别及等级	起重机工作级别	主起升机构	副起升机构	小车运行机构	大车运行机构	副钩小车运行机构
利用等级	U4	T4	T5	T4	T4	T5
荷载状态	Q1-轻	L1-轻	L2-中	L2-中	L2-中	L2-中
工作级别	A3	M3	M5	M4	M4	M5

图 6-3　1200/125t 桥机进行定子整体吊装

基本评价：三峡左岸电站、右岸电站及地下电站厂房中各配置 2 台 1200/125t 桥机，均由太原重工供货，代表了当时桥式起重机设计、制造的最高水平。2 台桥机并车起吊每台重约 2000t 水轮发电机的转子时，2 台桥机同步精准、运行性能良好，满足了工程使用要求。

第七章

机电设备安装、调试、运行和维护评估

一、主要机电设备布置

（一）左岸电站主要机电设备布置

三峡左岸电站坝后厂房顺水流方向依次布置有上游副厂房、主厂房、下游副厂房，机电设备按设计分区分别布置于主、副厂房。

左岸主厂房共有14个机组段和3个安装场。从左至右依次为安Ⅰ段、安Ⅱ段、1～6号机组段、安Ⅲ段和7～14号机组段，长度为643.7m，宽度为39m。其中1～13号机组各机组段长度为38.3m，14号机组段长度为41.2m，安Ⅰ段长度为28.0m，安Ⅱ段、安Ⅲ段长度为38.3m。安Ⅰ段地面高程为82.00m，与厂外公路连接。安Ⅱ段～14号机组段高程为75.30m。主厂房主机段设有2层：67.00m高程为水轮机层，75.30m高程为发电机层。水轮发电机组、调速系统、励磁系统、1200t主起重设备等分别布置在主厂房内不同高程。

左岸上游副厂房左起安Ⅱ段、右至14号机组段，与主厂房对应，长度为615.7m，宽度为17.0m。基于使用要求，结构分为5层，各层高程分别为67.00m（70.30m）、75.30m、82.00m、93.60m、107.00m，其中高程107.00m层为厂房顶。左岸电站的封闭母线、升压变压器、GIS等主要电气设备均布置在电站上游副厂房上述各层中。

左岸下游副厂房左起1号机组段、右至14号机组段，与主厂房相对应，总长度为577.4m，宽度为7.5m。下游副厂房结构分为6层，各层高程分别为49.72m、55.48m、61.24m、67.00m、75.30m、82.00m，其中高程82.00m层为尾水平台层。下游副厂房内主要布置机组技术供水系统和中、低压压缩空气系统以及机修设备等。

（二）右岸电站主要机电设备布置

三峡右岸电站厂房布置与左岸相同，顺水流方向依次布置有上游副厂房、主厂房、下游副厂房，机电设备按设计分区分别布置于主、副厂房。

右岸主厂房共有12个机组段、3个安装场和1个临时安装场。从右至左依次为安Ⅰ段、安Ⅱ段、26～21号机组段、安Ⅲ段、20～15号机组段和临时安装场，总长度为574.6m（不含临时安装场），宽度为39m。其中26～16号机组各机组段长度为38.3m；15号机组段长度为41.2m；安Ⅰ段长度为27.0m；安Ⅱ段与安Ⅰ段相邻，长度为44.8m，安Ⅲ段位于20号和21号机组之间，长度为38.3m。安Ⅰ段地面高程为82.00m，与厂外公路连接。安Ⅱ段～15号机组段高程为75.30m。临时安装场紧邻15号机组段，地面高程为82.00m，长度与机组段一样，净宽度为33.5m；主厂房主机段设有2层：高程67.00m层为水轮机层，高程75.30m层为发电机层。水轮发电机组、调速系统、励磁系统、1200t主起重设备等分别布置在主厂房内不同高程。

右岸上游副厂房基于使用要求，结构分为5层，各层高程分别为67.00m（70.30m）、75.30m、82.00m、93.60m、107.20m，其中高程107.20m层为厂房顶。右岸电站的封闭母线、升压变压器、GIS等主要电气设备均布置在电站上游副厂房各层中。

右岸下游副厂房结构分为6层，各层高程分别为49.72m、55.48m、61.24m、67.00m、75.30m、82.00m，其中高程82.00m层为尾水平台层。下游副厂房内主要布置机组技术供水系统和中、低压压缩空气系统，以及通风空调系统、机修设备等。

（三）地下电站主要机电设备布置

三峡地下电站机电设备安装与调试工程的主要施工区域位于三峡地下电站主厂房、下游母线洞及母线廊道（含出线竖井）和151.50m高程升压站。

主厂房共有6个机组段、2个安装场。从右至左依次为安Ⅰ段、安Ⅱ段、集水井段和32～27号机组段，全长311.3m，机组段长231.3m，安装场总长80.0m。其中32～28号机组段长度方向为38.3m；27号机组段为39.8m。安装场高程为75.30m，与厂外公路连接。主厂房主机段，设有两层，高程67.00m层为水轮机层，高程75.30m层为发电机层。安装场下布置有排水系统、压缩空气系统设备以及公用电系统和检修用电系统盘柜。主厂房的主要机电设备有水轮发电机组、调速系统设备、励磁系统设备、1200t主起重设备、排水系统设备和透平油系统设备等。

主厂房下游侧布置有6条母线洞，由1条母线廊道连接6条母线洞，在母线廊道上设有3条母线竖井与顶部151.50m高程升压站相连。母线洞内布置有励磁变压器、PT/避雷器柜和发电机电气制动开关装置；母线廊道内布置有机组、公用直流电源系统的充/配电盘、厂房公用盘柜、检修用电变压器和配电盘，以及公用电变压器和配电盘、照明供电变压器和配电盘等。母线竖井内布置有电梯和母线设备。

升压站由主变压器室、GIS室和辅助楼组成。主变压器室高程为151.50m；GIS室高程为163.10m，顶部为出线层，顺水流宽度17m，总长度188.85m；辅助楼设在主变压器室及GIS室的上游侧，共有4层，高程分别为151.50m、160.10m、163.10m和168.50m，上部设有电梯机房。主变压器、GIS设备、出线立柱及出线设备等布置在升压站部位。

辅助楼内布置有发电机断路器、20kV厂用电设备、35kV变电所、升压站用电设备、封闭母线微正压空压机系统、10kV配电系统、简化中控室、保护盘室、监控通信室、蓄电池室、消防设备、电缆以及办公室。

另外，通风空调系统的冷源及空调机房布置在厂外左侧高程为120.00m的平台，通风排烟管道等布置在地下厂房各层。

（四）电源电站主要机电设备布置

电源电站机电设备安装与调试工程的主要施工区域位于电源电站主厂房、副厂房、主变洞和配电洞。

电源电站主厂房共有2个机组段和1个安装场。从右至左依次为安装场、1号机组段、2号机组段、副厂房，总长59.8m，宽14m。其中安装场长18.5m，每个机组段长17m，副厂房长7.3m。安装场地面高程62.80m，与进厂交通洞连接。主厂房主要布置有水轮发电机组、调速系统设备、起重设备、技术供水系统、排水系统设备、发电机中性点接地装置及其盘柜等。

副厂房位于主厂房左端，其结构分为6层，各层高程分别为55.00m、59.00m、62.80m、66.67m、70.54m、74.40m。副厂房内主要布置有直流电源、辅助盘、0.4kV配电装置和中、低压压缩空气系统等。

主变洞长36m、宽9m、高9m，洞底高程62.80m，布置有主变压器、厂用变压器及其辅助设备。

配电洞全长51.17m、宽6.4m、高4.1m，洞底高程62.80m，布置有35kV、10kV开关柜和I/O柜等设备。

二、三峡电站机组装机投产方案选择

根据1993年5月三峡建委组织专家组对《长江三峡水利枢纽工程初步设

计报告（枢纽工程）》施工总进度的审查意见：“同意《报告》建议的施工总进度安排，即施工准备和一期工程共5年，二期和三期工程各6年，首批机组于第11年投产”。三峡集团公司和长江设计院对三峡机组装机进度进行了分析和优化比较，对土建施工、机组安装、输水管道施工、电气设备安装等进行了分项研究。在各分项研究基础上，对初步设计中推荐的装机进度三峡电站左岸厂房装机进度“2-4-4-4”方案［即第11年（2003年）投产2台，第12～14年每年各投产4台］和各种可能的加快装机进度方案“3-4-4-3”方案、“4-4-4-2”方案、“3-5-6”方案和“4-6-4”方案从工期、经济性、工作强度、实现难度及风险等方面进行了深入研究和评估（表7-1）。

表7-1　　各装机进度方案特征参数表

序号	参　数	方案Ⅰ (2-4-4-4)	方案Ⅱ (3-4-4-3)	方案Ⅲ (4-4-4-2)	方案Ⅳ (3-5-6)	方案Ⅴ (4-6-4)
1	首批机组发电时间	2003年	2003年	2003年	2003年	2003年
2	首批机组发电台数/台	2	3	4	3	4
3	年最大投产台数/台	4	4	4	6	6
4	关键控制工期部件	转子	转子	转子	转子	转子
5	厂外辅助安装场要求	一般场地	一般场地	一般场地	配有固定起吊设备	配有固定起吊设备
6	埋件开始安装时间	2000年5月	2000年5月	2000年5月	2000年5月	2000年5月
7	大桥机最早投运时间	2001年12月	2001年12月	2001年12月	2001年12月	2001年12月
8	第1台定子开始组装时间	2002年4月	2002年2月	2002年12月	2002年3月	2002年12月
9	第1台发电机组本体安装	2002年8月	2002年5月	2002年3月	2002年6月	2002年3月
10	第1台转子开始组装	2002年10月	2002年8月	2002年6月	2002年11月	2002年8月
11	同时进行埋件安装台数	6	6	6	6	6
12	同时进行本体安装台数	4	4	4	6	6
13	左岸电站全部投产时间	2006年8月	2006年7月	2006年5月	2005年12月	2005年10月
14	左岸电站机组安装总工期/月	52.3	53.3	53.3	45.8	46.3
15	电能效益差/(台·年)	0	+3	+6	+7	+10

综合各项因素，分析认为：“2-4-4-4”方案，有优越的外部条件，关键技术问题均可解决，是切实可行的。“4-4-4-2”方案，施工和安装强度与“2-4-4-4”方案相应，在适当提前安装的前提下，也是可以实现的，且经济效益显著，故推荐采用。“3-5-6”方案和“4-6-4”方案，经济效益虽更大，采用某些特殊措施，并经过努力，也可能实现，但安装强度和困难程

度与“4-4-4-2”方案相比，增加较多。若遇到设备供货及其他一些问题，较难以实现，故建议将“3-5-6”方案和“4-6-4”方案作为今后争取方案。

在左岸机组实际安装过程中，左岸电站机电设备安装和调试工程于2001年11月开工，2005年9月11日完成左岸全部14台机组的投产移交工作，其中2003年完成6台机组投产发电目标，2004年完成5台，2005年完成3台。创造“6-5-3”的安装速度，比合同签订的“4-4-4-2”安装计划提前近一年时间，累计提前1907台·天，大大超越了国际同类电站装机速度，14台700MW机组运行稳定。各机组具体投产时间见表7-2。

表7-2　　左岸电站机组投产时间统计（按投产顺序）

机组号	开始安装时间	试运行完成时间	合同规定完成时间	提前天数（与安装合同对比）
2	2001年11月12日	2003年7月10日	2003年9月15日	68
5	2001年11月20日	2003年7月16日	2003年10月15日	93
3	2002年4月11日	2003年8月12日	2003年11月15日	96
6	2002年5月8日	2003年8月29日	2003年12月15日	110
4	2002年9月20日	2003年10月28日	2004年2月15日	111
1	2002年9月27日	2003年11月22日	2004年4月15日	145
10	2003年2月22日	2004年4月7日	2004年6月15日	71
7	2003年3月6日	2004年4月28日	2004年9月15日	140
8	2003年9月23日	2004年8月24日	2005年2月15日	176
11	2003年7月12日	2004年7月26日	2005年1月15日	175
12	2003年10月18日	2004年11月19日	2005年5月15日	179
13	2004年2月27日	2005年4月24日	2005年7月15日	83
14	2004年7月1日	2005年7月19日	2006年1月15日	181
9	2004年3月23日	2005年9月11日	2006年6月15日	278

注　开始安装时间为座环安装就位。

三、机电设备安装与调试

（一）机电设备安装与调试负责单位情况

1. 左岸电站机电设备安装与调试负责单位情况

三峡左岸电站机电设备安装与调试工程共分VGS机组标段（Ⅰ标

段)、AKA 机组标段(Ⅱ标段)和公用系统设备标段(Ⅲ标段)3 个标段。

VGS 机组标段(Ⅰ标段),包括由 VGS 联合体供货的 1 号、2 号、3 号、7 号、8 号、9 号共 6 台水轮发电机组及其附属设备,以及与这些机组所对应的离相封闭母线、500kV 升压变压器在内的发电单元设备、机组供水系统、自用电系统、发变单元保护(发电机-变压器组保护)、现地 LCU、20kV 干式高压厂用变压器和这些设备之间的电缆等安装工程。该部分安装调试施工单位为中国水利水电第八工程局有限公司(以下简称“中国水电八局”)。

AKA 机组标段(Ⅱ标段),包括由 AKA 联合体供货的 4 号、5 号、6 号、10 号、11 号、12 号、13 号、14 号共 8 台水轮发电机组及其附属设备,以及与这些机组所对应的离相封闭母线、500kV 升压变压器在内的发电单元设备、机组供水系统、自用电系统、发变单元保护、现地 LCU、20kV 干式高压厂用变压器和这些设备之间的电缆等安装工程。其中 4 号、5 号、6 号、10 号发电单元及其相关机电设备的安装与调试由中国葛洲坝集团有限公司(以下简称“葛洲坝集团公司”)承担,11 号、12 号、13 号、14 号发电单元及其相关机电设备的安装与调试由中国水利水电第四工程局有限公司(以下简称“中国水电四局”)承担。

公用系统设备标段(Ⅲ标段),包括除上述两个标段安装的设备,以及土建合同中已包括的机电设备安装工程之外的左岸电站内所有其他机电设备、与左岸电站相关的设备(设施)安装工程以及需配合安装的施工项目。该部分的安装与调试由葛洲坝集团公司承担。主厂房内 2 台 1200/125t 桥式起重机由土建施工方三七八联营体负责安装与调试。

2. 右岸电站机电设备安装与调试负责单位情况

三峡右岸电站机电设备安装与调试工程也分 3 个标段:哈电和东电机组标段(Ⅰ标段)、ALSTOM 机组标段(Ⅱ标段)和公用系统设备标段(Ⅲ标段)。

哈电及东电机组标段(Ⅰ标段),主要包括由哈电供货的 23~26 号 4 台机组及其附属设备、由东电供货的 15~18 号 4 台机组及其附属设备,以及这些机组对应的调速系统、励磁系统、机组技术供水系统、IPB 及相关设备、500kV 升压变压器及中性点设备、GCB 设备、机组自用电设备、接地、机组保护、故障录波、机组现地监控及测量设备、电缆(光缆)的敷设与连接等的安装工程项目。该部分的安装与调试由葛洲坝集团公司承担。

ALSTOM 机组标段(Ⅱ标段),主要包括由 ALSTOM 供货的 19~22 号 4 台水轮发电机组及其附属设备,以及这些机组对应的机电设备等的安装工程项目。该部分的安装与调试由中国水电四局承担。

公用系统设备标段（Ⅲ标段），包括除上述两个标段安装的设备，以及土建合同中已包括的机电设备安装工程之外的右岸电站内所有其他机电设备、与右岸电站相关的设备（设施）安装工程以及需配合安装的施工项目。该部分的安装与调试由葛洲坝集团公司承担。主厂房内2台1200/125t桥式起重机由土建施工方三七八联营体负责安装与调试。

3. 地下电站机电设备安装与调试负责单位情况

三峡地下电站只有6台机组，整个机电设备安装与调试工程为一个标段，包括27～32号机组及其附属设备、机组对应的机电设备、公用系统设备，以及需配合安装的施工项目，施工单位为葛洲坝集团公司。主厂房内2台1200/125t桥式起重机也由葛洲坝集团公司负责安装。

4. 电源电站机电设备安装与调试负责单位情况

电源电站机电设备安装与调试工程由葛洲坝集团公司承担，工程包括2台50MW机组及其附属设备、机组对应的机电设备、公用系统设备等。

以上机组设备的安装与调试单位的确定均秉着公平、公开、公正原则进行公开招标确定。

（二）机电设备安装与调试简况

1. 左岸电站机电设备安装与调试简况

三峡左岸机组首批机组2号、5号机组于2001年11月开始安装，至2003年7月，2号、5号机组完成72小时试运行后正式投产发电。同年，还完成1号、3号、4号、6号机组的全部安装与调试工作，经72小时试运行后正式投产发电。2004年，7号、8号、10号、11号和12号机组投产发电。2005年，最后3台机组9号、13号、14号投产发电。三峡左岸电站14台机组在2003—2005年的3年内，分别投产6台、5台、3台，比原定“4-4-4-2”计划提前近一年全面完成了机组安装与调试任务。左岸电站公用系统设备安装与调试于2001年8月正式开始，工作进度比机组安装与调试进度略微提前，至2005年9月全部完成。

2. 右岸电站机电设备安装与调试简况

三峡右岸电站首台机组26号机组于2006年5月11日正式开始安装与调试。首批机组26号、22号、18号机组分别于2007年6月、7月、10月正式投产发电，同年还完成17号、20号、21号、25号等4台机组的投产，创造了一年投产7台700MW机组的安装纪录。2008年完成余下的15号、16号、

19 号、23 号和 24 号机组的安装与调试工作，经 72 小时试运行后正式投产发电。三峡右岸电站 12 台机组在 2007—2008 年两年内，分别投产 7 台、5 台，与原定“6 - 6”计划相比，提前完成机组安装与调试任务。右岸电站公用系统设备安装与调试于 2006 年 9 月正式开始，工作进度随机组安装与调试进度同步进行，至 2008 年 10 月全部完成。

3. 地下电站机电设备安装与调试简况

三峡地下电站首台 32 号机组于 2010 年 4 月 11 日开始安装与调试，至 2011 年 5 月，首批 31 号、32 号机组即正式投产发电，同年 28 号、30 号机组也正式投入运行。2012 年完成余下 2 台机组（27 号、29 号）的投产发电。地下电站 6 台机组于 2011 年、2012 年分别投产 4 台、2 台，与原定“3 - 3”安装计划相比提前完成机组安装与调试任务。地下电站公用系统设备安装与调试于 2009 年 8 月正式开始，工作进度比机组安装与调试进度超前，至 2012 年 7 月全部完成。

4. 电源电站机电设备安装与调试简况

电源电站 1 号、2 号机组安装与调试工作于 2006 年 4 月开始，至 2007 年 1 月，2 台机组全部正式投产发电。2 台机组在机组启动试运行期间除进行了常规调试任务外，还进行了黑启动及孤网运行试验，验证其作为三峡枢纽主供电源的可靠性。电源电站公用系统设备安装与调试于 2006 年 2 月开始至 2006 年 9 月全部完成。

三峡电站机组安装、调试、投产的关键性节点见表 7 - 3。

表 7 - 3　　三峡电站机组安装、调试、投产的关键性节点

机组号		定子组装开始时间	转轮吊装完成时间	转子吊装完成时间	72 小时试运行完成时间	移交三峡电厂正式投产时间
左岸电站	1	2002 年 11 月 5 日	2003 年 4 月 21 日	2003 年 9 月 5 日	2003 年 11 月 22 日	2003 年 11 月 22 日
	2	2001 年 11 月 22 日	2002 年 7 月 11 日	2002 年 11 月 7 日	2003 年 7 月 7 日	2003 年 7 月 10 日
	3	2002 年 4 月 26 日	2002 年 12 月 25 日	2003 年 5 月 8 日	2003 年 8 月 16 日	2003 年 8 月 18 日
	4	2002 年 10 月 13 日	2003 年 8 月 16 日	2003 年 9 月 6 日	2003 年 10 月 28 日	2003 年 10 月 28 日
	5	2001 年 12 月 11 日	2002 年 6 月 18 日	2002 年 12 月 26 日	2003 年 7 月 13 日	2003 年 7 月 16 日
	6	2002 年 4 月 27 日	2003 年 1 月 14 日	2003 年 5 月 18 日	2003 年 8 月 29 日	2003 年 8 月 29 日
	7	2003 年 6 月 8 日	2003 年 12 月 6 日	2004 年 2 月 28 日	2004 年 4 月 28 日	2004 年 4 月 29 日
	8	2003 年 12 月 13 日	2004 年 4 月 1 日	2004 年 7 月 2 日	2004 年 8 月 24 日	2004 年 8 月 24 日
	9	2004 年 5 月 10 日	2005 年 7 月 21 日	2005 年 8 月 1 日	2005 年 9 月 10 日	2005 年 9 月 11 日
	10	2003 年 6 月 12 日	2003 年 12 月 27 日	2004 年 2 月 10 日	2004 年 4 月 7 日	2004 年 4 月 7 日

续表

机组号		定子组装开始时间	转轮吊装完成时间	转子吊装完成时间	72小时试运行完成时间	移交三峡电厂正式投产时间
左岸电站	11	2003年7月15日	2004年4月12日	2004年6月1日	2004年7月26日	2004年7月26日
	12	2003年10月16日	2004年7月17日	2004年9月30日	2004年11月19日	2004年11月22日
	13	2004年2月27日	2004年12月8日	2005年1月14日	2005年4月24日	2005年4月25日
	14	2004年7月1日	2005年4月15日	2005年6月6日	2005年7月21日	2005年7月21日
右岸电站	15	2007年11月7日	2008年8月4日	2008年9月8日	2008年10月29日	2008年10月30日
	16	2007年7月18日	2008年3月20日	2008年5月5日	2008年6月30日	2008年7月2日
	17	2007年2月7日	2007年10月4日	2007年11月1日	2007年12月23日	2007年12月27日
	18	2006年7月29日	2007年7月1日	2007年7月16日	2007年10月17日	2007年10月22日
	19	2007年7月27日	2008年3月7日	2008年4月10日	2008年6月18日	2008年6月28日
	20	2006年12月18日	2007年9月16日	2007年10月15日	2007年12月6日	2007年12月18日
	21	2006年10月24日	2007年5月12日	2007年6月20日	2007年8月20日	2007年8月21日
	22	2006年6月12日	2006年12月23日	2007年2月12日	2007年6月8日	2007年6月11日
	23	2007年9月10日	2008年6月1日	2008年6月28日	2008年8月22日	2008年8月22日
	24	2007年3月26日	2007年11月26日	2007年12月20日	2008年4月25日	2008年4月26日
	25	2006年11月24日	2007年7月7日	2007年8月13日	2007年11月4日	2007年11月6日
	26	2006年5月11日	2007年1月6日	2007年4月3日	2007年7月8日	2007年7月10日
地下电站	27	2011年1月27日	2012年2月28日	2012年3月14日	2012年5月23日	2012年7月4日
	28	2010年12月28日	2011年7月26日	2011年9月15日	2011年12月15日	2011年12月19日
	29	2011年2月25日	2011年10月10日	2011年11月18日	2012年2月17日	2012年2月24日
	30	2010年7月23日	2011年3月5日	2011年6月5日	2011年7月13日	2011年7月16日
	31	2010年4月14日	2010年12月21日	2011年1月26日	2011年5月31日	2011年5月31日
	32	2010年4月1日	2010年11月7日	2010年12月15日	2011年5月12日	2011年5月24日
电源电站	1	2006年4月6日	2006年4月27日	2006年5月18日	2007年1月27日	2007年2月16日
	2	2006年5月25日	2006年6月14日	2006年7月18日	2007年1月30日	2007年2月16日

（三）机电安装与调试质量情况

1. 基本情况

三峡机电设备安装过程中，水轮发电机组主要部件现场焊缝一检合格率均在98%以上；磁化试验一次合格，线棒耐压试验及主变局部放电试验一次通过，机组轴线盘车数据结果满足三峡标准，右岸及地下电站机电设备安装相关数据均达到三峡标准中的优良等级，安装过程中无重大质量问题，一般性质量问题均得到解决，未留下质量隐患。

左岸电站、右岸电站及地下电站机组调试前，均根据机组特点及当时具体情况，拟定了试验项目，主要进行了尾水充水、压力钢管及蜗壳充水、机组过速、发电机及 GIS 升流升压、空载及负荷下调速、励磁试验、电源切换、机组同期并网及带负荷、甩负荷试验、PSS、事故低油压关机、最大负荷下热稳定运行试验、负荷下动水关进水口闸门、72 小时试运行等常规性试验，部分机组还进行了主变冲击试验、型式试验等。电源电站除进行常规试验外，还进行了黑启动及孤网运行试验。总体来看，机组调试顺利，质量良好。

公用系统如机械辅助设备安装，500kV 设备安装，厂用电设备安装，油、气、水系统安装，暖通空调系统设备安装，消防系统设备安装，图像监控系统安装以及电站接地电阻测量值等均满足三峡电站内部标准、行业相关标准与合同要求。

2. 分部、分项及单元工程质量评定情况

(1) 左岸电站分部、分项及单元工程质量评定情况。

1) VGS 机组标段（Ⅰ标段）包括 6 个分部工程、36 个分项工程、344 个单元工程。单元工程合格率为 100%，未进行优良率评定。该工程被评定为优质工程。

2) AKA 机组（Ⅱ标段）分ⅡA 标段和ⅡB 标段两个标段，其中，ⅡA 标段合同工程包括 4 个分部工程、24 个分项工程、227 个单元工程。ⅡB 标段合同工程包括 4 个分部工程、24 个分项工程、228 个单元工程。单元工程合格率为 100%，未进行优良率评定。该工程被评定为优质工程。

3) 公用系统设备标段（Ⅲ标段）包括 9 个分部工程、32 个分项工程和 171 个单元工程。单元工程合格率为 100%。该工程被评定为优质工程。

(2) 右岸电站分部、分项及单元工程质量评定情况。

1) 东电及哈电机组标段（Ⅰ标段）包括 8 个分部工程、48 个分项工程、412 个单元工程。单元工程合格率为 100%，除 18 号机单元工程优良率为 96.23%外，其余单元工程优良率均为 100%。分项工程合格率及优良率均为 100%。该工程被评定为优良工程。

2) ALSTOM 机组标段（Ⅱ标段）包括 4 个分部工程、24 个分项工程、202 个单元工程。单元工程合格率为 100%，除 21 号机单元工程优良率为 98.04%外，其余单元工程优良率均为 100%。分项工程合格率及优良率均为 100%。该工程被评定为优良工程。

3）公用系统设备标段（Ⅲ标段）包括6个分部工程、30个分项工程、187个单元工程。单元工程合格率为100%，优良率100%。分项工程合格率及优良率均为100%。该工程被评定为优良工程。

（3）地下电站分部、分项及单元工程质量评定情况。该工程包括两个分部工程、68个分项工程、419个单元工程。单元工程合格率为100%，其中27号、30号、31号、32号机组单元工程优良率分别为96%、98%、97.96%、93.88%，其余单元工程优良率为100%；分项工程合格率及优良率均为100%。该工程被评定为优质工程。

（4）电源电站分部、分项及单元工程质量评定。本合同工程包括5个分部工程、20个分项工程、132个单元工程。单元工程合格率为100%。

四、机组启动验收情况

三峡左岸电站2号、5号两台首批发电机组，右岸电站18号、22号、26号3台首批发电机组，地下电站32号、31号两台首批发电机组由国务院验收委员会验收，其他机组验收由国务院验收委员会授权三峡集团公司负责。三峡集团公司分别成立了三峡左岸电站、右岸电站、地下电站机组启动验收委员会及电源电站单项工程验收组，对其余机组按调试进度分别进行了验收，所有机组均一次性通过启动验收。

（一）左岸电站机组启动验收情况

左岸电站2号、5号两台首批发电机组于2003年7月18日通过国务院验收委员会验收。验收结论为："本次验收范围内各项目的设备设计、制造、安装质量，符合国家和行业有关技术标准及合同的规定。安装和调试过程中出现过的质量缺陷和问题，经处理后可满足设计与合同要求。首批机组（2号、5号）及相关的公用系统在启动试运行中已完成有关规程规定的试验项目和72小时带负荷连续试运行。停机后将蜗壳及水工建筑物流道排空检查，机组过流部分未见明显异常。生产运行单位的准备工作已具备全面接收首批投运机组及相关设备的条件。左岸电站首批机组（2号、5号）及相关的公用设备已具备正式投运条件，同意投入运行。"

后续12台机组由三峡集团公司机组启动验收委员会进行了验收，至2005年12月29日完成最后一台发电机组9号机组验收。12台机组验收结论与首批机组验收结论基本相同。对于验收中提出的相关建议，如AKA机组3段关闭规律优化、VGS机组推力瓦温偏高、个别机组转子一点接地等问题，均进行了处理，处理结果满足机组长期安全稳定运行要求。

（二）右岸电站机组启动验收情况

右岸电站 18 号、22 号、26 号 3 台首批发电机组于 2007 年 11 月 28 日通过国务院验收委员会验收。

验收结论为：“本次验收范围内各项目的设计、设备制造和安装质量，总体满足国家和行业有关技术标准及合同的规定。安装和调试过程中出现的问题，经处理后满足设计与合同要求。首批机组及相关的公用系统在启动试运行中已完成有关技术标准规定的试验项目和 72 小时带负荷连续试运行，经检查无明显异常。3 台机组均已通过 30 天的考核试运行。生产运行单位已具备全面接收首批投运机组及相关设备的条件。右岸电站首批机组（22 号、26 号、18 号）可投入运行，同意验收。”

后续 9 台机组由三峡集团公司机组启动验收委员会进行了验收，至 2008 年 12 月 2 日完成最后一台发电机组 15 号机组验收。9 台机组验收结论与首批机组验收结论基本相同，对于验收中提出的相关建议，如哈电机组异常啸声、ALSTOM 机组啸声较大、东电机组噪声和上机架盖板振动偏大等问题，均寻找恰当时机进行了针对性处理，处理结果表明机组满足长期稳定运行要求。

（三）地下电站机组启动验收情况

地下电站 32 号、31 号两台首批发电机组于 2011 年 9 月 21 日通过国务院验收委员会验收。验收结论为：“本次验收范围内工程项目的形象面貌，满足地下电站厂房工程及首批机组（32 号、31 号）启动验收的有关规定和要求。少量未完工程项目已作妥善安排，不影响首批机组运行。各验收项目的基础工程、土建结构工程、安全监测工程和金属结构及机电设备的设计、施工和制作、安装质量满足国家和行业有关技术标准。各检查项目满足地下电站厂房工程和首批机组启动验收的要求。与 32 号、31 号机组运行有关的电站运行管理和系统调度工作已就绪，并通过试运行的考核。下游基坑进水前验收遗留问题的处理已完成。长江三峡水利枢纽地下电站厂房工程及首批机组可投入运行，同意验收。”

后续 4 台机组由三峡集团公司机组启动验收委员会进行了验收，至 2012 年 10 月 23 日完成最后一台发电机组 27 号机组验收。4 台机组验收结论与首批机组验收结论基本相同，对于验收中提出的相关建议，如天津 ALSTOM 的 30 号、29 号机组存在 700Hz 振动及噪声问题，在机组维修期间进行了彻底处理，处理后振动及噪声减弱效果明显，满足相关规范要求。

（四）电源电站机组启动验收情况

电源电站1号、2号两台机组于2007年11月11日通过三峡集团公司电源电站单项工程验收组验收。验收结论为："本次验收范围内各项目设计、制造、安装（施工）质量，符合国家和行业有关技术标准及合同的规定。设备制造、安装和调试过程中发现的质量缺陷和问题，经处理后均满足设计与合同要求。1号、2号机组及相关系统在启动试运行中已完成有关规程规定的试验项目和72小时带负荷连续试运行，并通过电网30天的考核试运行，经检查，情况良好。生产运行管理单位已具备全面接管机组及相关设备的条件。验收组同意对电源电站单项工程机组启动予以验收。"

五、机组安装调试主要问题及处理

三峡机电工程建设过程中，未发生重大设备安装质量问题，现场发现的主要问题为一般性设备制造质量问题，如机电部件的行为尺寸偏差、开孔错误、焊缝缺陷、制造工艺不满足安装要求等，均已在过程中处理，并经长时间实际运行检验，未留质量隐患。机电建设过程中存在的主要问题有"AKA机组过速试验振动问题""特殊压力脉动带及运行区域划分问题""VGS机组推力轴瓦运行温度偏高问题""发电机电磁振动问题""三峡地下电站东电机组稳定运行区域的复核及验收"和"三峡地下电站天津ALSTOM机组700Hz噪声和振动的问题"。

（一）AKA机组过速试验振动问题及处理

2003年6—8月，三峡左岸电站首批AKA机组5号、6号机在调试试运行期间，在几次过速试验紧急关机的过程中，当接力器行程约为4%、转速在额定速度附近时，机组出现了异常强烈的振动现象。上述问题主要表现为：顶盖、控制环、导水机构拐臂等部件产生较剧烈的机械振动，控制环非正常倾斜，5号机3次过速试验均发生导叶拉断销断裂，噪声大等。

验收组在2003年10月对3号、6号机组启动验收中提出："6号机组过速过程中出现振动，进行了关闭规律的调整，振动问题得到解决。为消除其他各台机组存在的同样问题，要求ALSTOM公司尽快研究彻底解决问题的方案。"在2003年10月对4号机组启动验收和2004年10月对10号机组启动验收中提出："调速器三段关闭时间延长是解决紧急停机时机组振动的临时措施，接力器的结构和运行方案与原设计不符，ALSTOM公司应研究彻底解决此问题的永久措施，并负责实施。"在2004年10月对11号机组启动验收中提出："调速器二段关闭规律的优化解决了当前水头下紧急停机时机组振动的问题，尚需在其他水头下进一步优化。”

针对上述问题，采用数值仿真计算、模型试验和现场试验相结合的方法进行了研究，包括以下内容：

（1）水轮机全模拟模型试验。为全面了解三峡左岸电站水轮机在小开度工况的运行特性，利用三峡左岸电站 ALSTOM 水轮机模型装置，在哈尔滨大电机研究所水力试验台上专门针对上述问题进行了全模拟模型试验，主要试验内容包括：观测在不同水头、导叶小开度情况下，特别是紧急关机过程中，水轮机内部流态、各部位压力脉动及振动。试验工况包括：不同真机运行水头下水轮机全特性（补全最低水头到飞逸转速间的工况和小开度工况）、飞逸工况、水轮机制动工况、反水泵工况。

（2）仿真计算和理论分析。建立了 ALSTOM 原型水轮机流动数值模型，模拟机组在小开度工况下的流场分布，分析研究了小开度下水流对活动导叶及其他部件的影响，确定水流脉动频率，并分析与各部件以及土建结构之间频率响应关系。进行了各种水头（水位）条件下过速试验开度及导叶关闭规律数值仿真计算和分析，第三段时间分别采用 40s、55s 和 75s。分析认为，通过优化导叶关闭规律，可以避免过速关机过程中出现的异常振动现象。

通过总结发生异常振动的规律、模型试验、数值计算和理论分析，认为采取优化后的导叶关闭规律能够适应 145.00m、156.00m 和 175.00m 等各水位条件下的运行需要。适当延长导叶关闭第三段时间，对避免过速关机过程中小开度振动有利。

为了验证上述结论，蓄水位由 135.00m 上升至 156.00m 时，以及 2008 年 11 月 19 日水位蓄至 172.70m 时，均选择 6 号机进行了过速试验，机械过速动作整定值为 152%。

现场试验结果表明，6 号机在上述水位下过速试验中，均没有出现导叶小开度情况下的异常振动现象，试验所监测的各项参数值在允许范围内。所以，优化后的导叶关闭规律在 6 号机实际运行中得到了验证，取得了良好效果。

（二）特殊压力脉动带及运行区域划分问题及处理

验收组在 2003 年 7 月对左岸首批机组（2 号、5 号）启动验收中提出：“2 号机组（VGS 制造）和 5 号机组（AKA 制造）的水轮机模型试验结果，曾反映出水轮机的水力稳定性不能全面满足合同要求，特别是在合同规定的稳定运行范围内，在高部分负荷区存在一个压力脉动带（后规范称为高部分负荷压力脉动带），其频率较高、幅值较大，在高水头段已进入要求的稳定运行范围，使得高水头的稳定运行范围不能满足保证值。国内外大型机组的运行经验表明，高水头运行时发生的水力不稳定性对机组的振动和破坏作用将大于低水头运行工况。鉴于本次验收中，水轮机设备仅经受了135.00m水位的低水头考核，机组最大出力仅540MW左右，今后机组运行范围还大部分没有涉及，因此高水头运行工况和高部分负荷区的稳定性都尚未得到考验。建议三峡集团公司加强运行观测与研究，积极落实运行预案措施，合理划分机组的运行区。在围堰挡水发电期间，抓紧机组负荷试验，测定在当前可能水头范围内的不稳定运行区，及时制定运行对策；电站库水位后期抬高以后，更应组织安排真机测试，以确认是否有水力不稳定区和不稳定区的性质与范围，掌握机组真实的水力特性和稳定性资料，从而制定相应措施，以保障机组长期安全、稳定运行。”

针对以上问题，对三峡机组开展了机组稳定运行区域研究，对机组运行区域进行限制，同时对右岸机组水力参数进行优化，相关措施如下：

1. 运行区域划分

为指导三峡机组在各种水头下安全高效运行，制定了三峡机组运行区划分标准，将机组运行区划分为稳定运行区、限制运行区、禁止运行区、空载运行区，并结合相关标准确定了稳定运行区的各项指标。

（1）稳定运行区。该区是机组在全部负荷范围内压力脉动和振动最小的区域。从真机试验看机组在此区内运行时最为平稳，没有水力共振、卡门涡共振和异常振动现象，压力脉动小于6%，机组振动幅值满足运行标准的允许值。该区内水轮机的水力条件最为良好，机组在此区内运行时，不仅能满足安全稳定运行，而且能获得最大的经济效益。

（2）限制运行区。该区域没有水力共振、卡门涡共振和异常振动现象，压力脉动在4%～6%之间，部分测点的机组振动幅值略超过运行标准的允许值。由于该区域的脉动和振动主频为频率较低的尾水管涡带频率。从材料疲劳角度看，低频较高频较有利于延缓疲劳裂纹的产生。因此建议将该区列为限制运行区，允许机组短时间内可在此负荷范围内运行，但不宜作为长期运行的区域。

（3）禁止运行区。该区是水轮机效率最低、转轮水力条件最差的区域，是全部运行范围内最差的。该区域压力脉动基本都超过了6%，多数测点的振动幅值也超过了运行标准的允许值，而且频率较为复杂，主频不突出，大部分频率高于转频。在转轮区将发生各种进口水流的撞击、脱流和产生叶道涡等各种不良水力现象。由于压力脉动和振动大，动应力也必然较大，机组长期在此区域内运行，将易于引起疲劳而缩短寿命，故建议将其列为不宜运行区。

（4）空载运行区。该区为机组启动、调试运行时的区域。由于该区主要稳定性指标差，不可长时间运行。

2. 右岸机组水力模型优化

通过对三峡左岸机组在整个运行范围内存在一个典型的压力脉动带，其压力脉动幅值较大，且频率为20～50Hz，将可能影响机组的安全稳定运行，降低机组的调峰能力和运行灵活性。为了避免机组不稳定运行造成的激振破坏、叶片裂纹等事故，对三峡右岸电站机组参数及水轮机水力设计优化研究。主要研究成果如下：

（1）机组参数优化。提高额定水头至85m，减小最大水头与额定水头H_{max}/H_r比值；三峡左岸电站H_{max}/H_r比值达到1.4；优化后三峡右岸电站H_{max}/H_r比值降低至1.33。

（2）增加额定单位流量与最优单位流量的比值。三峡左岸$Q'_r/Q'_0=1.23$；三峡右岸$Q'_r/Q'_0\approx1.52$，从而扩大了水轮机的稳定运行范围，尤其是高水头的稳定运行范围，同时也提高了高水头的效率，增加了低水头的输出功率。取消了对额定转速的限制，在75r/min和71.4r/min中各厂商可按各自的经验择优选择。

（3）水力设计优化。优化流道，实现蜗壳与转轮尺寸的合理搭配；优化水力设计，使导叶与固定导叶具有良好的水力性能匹配；优化叶型，采用了特殊的L形叶片；优化叶型设计及叶片修型，减小水轮机涡带出现的范围和涡带空腔体积；加大尾水管锥管进口直径，降低转轮出口处的动能。

通过上述各项措施，降低了压力脉动幅值，消除了高部分负荷压力脉动带，实现在整个运行范围内无空化运行，拓宽了高水头时机组的稳定运行区域，提高了机组调峰能力和运行灵活性，同时增加了电能。

（三）VGS机组推力轴瓦运行温度偏高问题及处理

验收组在2003年7月对左岸首批机组（2号、5号机组）启动验收中，提出意见：“2号机组在目前水头和冷却水温条件下（当前水温23.5℃，设计允许最高水温28℃），发最大出力540MW时，推力轴瓦运行温度已达82.3℃，超过合同规定的80℃的要求。专家组通过对该推力导轴承结构的分析，认为虽然在上述工况下，推力瓦运行是安全的，但今后随着库水位的升高，在最大水头及最大出力下运行，而冷却水温又超过当前水温时，估计推力瓦运行温度将会超过85℃，危及机组安全运行。建议会同VGS厂家共同研究，加以彻底处理，且时间越早越好。”

在2003年10月对3号、6号机组启动验收中提出：“VGS机组推力瓦温超标问题应抓紧解决。3号机组推力轴瓦运行温度超过合同规定。虽然在当前水头条件下，推力瓦运行是安全的，但今后随着库水位的升高，在最大水头及最大出力下运行，而冷却水温又超过当前水温时，估计推力瓦运行温度将会超过85℃，危及机组安全运行。要求VGS提出彻底解决方案，并抓紧实施。”

针对上述问题，相关单位进行了大量研究工作。主要研究内容和结论如下：

（1）通过理论分析、仿真计算及现场试验，分析了三峡左岸电站VGS机组推力轴承瓦温偏高产生的主要原因，即推力轴承冷却系统油循环不合理，瓦的间距较小，冷却器的容量偏小，未达到设计要求等。

（2）根据三峡左岸电站VGS机组推力轴承瓦温偏高现象的分析，并考虑推力轴承结构的限制，提出了采取增大油冷却器冷却容量、改善油槽内循环等改进措施。

（3）根据135.00m蓄水位下VGS机组推力轴承及其冷却系统的计算分析和现场试验结果，对蓄水位上升至156.00m以及175.00m水位、机组满负荷运行、水温在28℃以下时，预测VGS机组推力瓦温不超过85℃，且能安全可靠运行。

（4）在对国内外大型水轮发电机组调研分析的基础上，提出了类似VGS机组推力轴承的瓦温控制标准，即正常运行瓦温不高于85℃，报警温度90℃。

通过对三峡左岸电站VGS机组推力轴承瓦温偏高现象的分析，并考虑推力轴承结构的限制，采取了增大油冷却器冷却容量、改善油槽内循环，并提高瓦温控制标准等措施解决瓦温过高问题。经实测，在三峡上游水位上升至172.70m的过程中，8号机（VGS供货）在756MW负荷下，推力轴承的最高瓦温为80.3℃，另外，推力瓦温在水位上升过程中变化不明显，基本维持在80℃。从实际运行数据看，水位和负荷增加对推力瓦温的影响不是很明显。

（四）发电机电磁振动问题及处理

验收组在2007年11月对三峡右岸首批机组22号、26号机组和18号机组启动验收中提出：“18号机组的噪声和上机架盖板振动偏大，目前虽不影响安全运行，但要加强监测，深入研究，抓紧解决。”

针对上述问题，相关单位进行了振动、噪声测量及频谱分析，主要原因和改进措施如下：

定子铁芯的振动主要为高频100Hz振动，在空载时振幅很小，但随着负载的增加而增加，在机组带700MW负载时，铁芯水平振动幅值达到51.94μm。这种100Hz铁芯激振通过上机架传递到盖板，引发盖板共振放大了100Hz振动和噪声效果。

为消除高频振动，首先对右岸国产发电机组进行改进。从对原方案的分析中可以看出，减小铁芯振动幅值有两种方法：①削弱次谐波的幅值；②提高铁芯的弹性模量。由于三峡右岸16号发电机定子铁芯均已安装完毕，只有通过（背部）刷铁芯黏结胶及适度把紧螺杆来辅助性加强，可更改铁芯增加穿心螺杆来大幅度提高铁芯刚度，从而提高定子铁芯的弹性模量。而另一关键在于削弱引起振动的次谐波幅值，可以通过改接线来实现，通过对多个方案的计算分析，改动原方案的接线方式，采用“12＋5”的大小相带布置有较好的效果。

经过分析后提出将定子绕组的相带布置由原来的“10＋7”改为“12＋5”的主要改进方案，同时采取提高定、转子圆度，增加联轴螺栓紧量，增加上机架刚度等辅助措施，以消除高频、低频振动和噪声。

改进方案在16号机组实施。投入运行后，发电机定子铁芯、机座低频振动幅值降低近50%，定子铁芯100Hz振动从原方案的45～50μm降至6μm以下，100Hz振动削弱幅度达88%，盖板噪声和机坑内噪声大幅降低。上述情况表明，东电供货的18号、17号机组存在的振动和噪声较其他厂家机组大的问题在16号机组上都得到了解决。利用此次改造的成功经验，三峡电站逐步对左岸VGS机组进行改造，改善了机组的运行稳定性。

（五）三峡地下电站东电机组稳定运行区域的复核及验收

在三峡地下电站28号机组启动验收会上，提出了“东电水轮机稳定运行负荷区偏小：12月3—10日，28号机组共进行了4次0～700MW变负荷下的机组稳定性测试。测试结果表明：机组在500～600MW负荷区间压力脉动和摆度偏大，未达到70%～100%稳定运行区的要求。该问题尚在研究处理中。”的问题。并建议对27号、28号机组补充验收。

三峡地下电站共装设6台单机容量为700MW的立轴混流式水轮发电机组，额定水头85m。机组编号从左岸至右岸为27～32号，其中27号、28号两台机组由东电供货。东电地下电站机组所采用的模型除尾水管改为窄高型尾水管外，其余部分与东电为三峡右岸电站所开发的模型完全相同。

东电28号机组2011年年底投入运行后，现场测试结果显示，在合同规定的水轮机长期稳定运行范围497～767MW内，尾水管压力脉动值与合同规定相差较大，且顶盖垂直振动最大值超过合同保证值。三峡集团公司要求东电在可能的条件下进行模型复核试验，提出改进措施。

处理措施：2012年3—7月，东电在厂内研试中心新的试验装置上对地下电站原模型进行了复核试验，并新设计了5个不同的泄水锥进行了一系列的模型试验。

2012 年 8 月 1 日东电在成都向三峡集团公司作了专题汇报。模型试验结果表明：地下电站水轮机模型性能与采用相同转轮的右岸电站试验结果相当；带新泄水锥的模型与原模型相比对改善机组的稳定性没有明显的效果。

在此情况下，三峡集团公司要求东电在地下电站和右岸电站各选择 1 台机组进行相同条件下的真机性能对比试验。东电在 2012 年 9 月开始分别选择了地下电站 28 号机组和右岸电站 16 号机组进行了相同水头、相同时间段和相同出力的真机现场稳定性试验。

从现场压力脉动对比试验结果来看，地下电站 28 号机组和三峡右岸电站 16 号机组在各测点处的压力脉动幅值有着相同的变化趋势，并且各对应测点的压力脉动幅值基本一致。为此三峡建委重大设备制造检查组向三峡建委办公室报告，并提出了对 28 号机组下一步处理意见：28 号机组转轮和右岸机组相同，只是因为地下电站地理条件所限配用了不同型式和尺寸的尾水管，尾水管压力脉动没有获得预想的改善，导致稳定运行负荷区保证范围偏小。为此建议：

（1）全面总结 28 号机组自 2012 年 1 月投运以来的实际运行情况，判定该机的综合安全稳定性能。

（2）协商长江电力对三峡地下电站其他两种机型进行试验，测绘机组运行特性区域，以进行全面对比分析，判定 28 号机组的实际稳定运行负荷区。

上述工作完成后，适时向验收委员会申请对 28 号机组进行补充验收。

2013 年 7 月 11 日，针对三峡地下电站东电机组稳定运行区域偏窄的问题，三峡集团公司在宜昌组织召开了三峡地下电站东电机组稳定性能专家评审会。形成如下意见：

（1）三峡地下电站机组为右岸电站机组合同的延续采购。除水轮机尾水管型式（为“窄高”型）及尺寸与右岸电站机组不同外，水轮机其他结构和部件（包括转轮）的设计和制造与右岸电站机组完全一致。在采购文件中，对各厂家机组的主要技术要求（包括稳定性指标），与右岸电站机组相同。东电根据以往对“窄高”型尾水管的经验，认为在其他条件相同的情况下，“窄高”型尾水管会对水轮机的稳定性有较好的改善作用。地下电站机组合同签订前，东电进行模型初步试验时，因测试系统出现误差、传感器选择不当，导致试验结果偏优，存在较大失真。因此在填报合同保证值时，东电提高了水轮机稳定性指标。由于同样的原因，在模型验收试验时，试验结果未能真实反映模型的实际稳定性能。

（2）已经进行的模型复核试验和现场真机对比试验均表明，地下电站机组与右岸电站机组压力脉动变化趋势相同，相对应测点的压力脉动幅值基本一致。三峡地下电站机组“窄高”型尾水管对水轮机运行条件未引起本质变化。

（3）2012年1月投产以来的真机运行情况表明，27号、28号机组特性与地下电站其他两种机型特性基本一致。三峡地下电站与右岸电站机组的稳定性水平基本相同，安全稳定运行范围基本一致。机组满足长期安全稳定运行的要求。

（4）与会专家和代表一致认为，三峡地下电站东电机组可按右岸电站东电机组标准验收，建议地下电站机组启动验收委员会对27号、28号机组一并予以验收。

2013年9月5日，三峡集团公司组织召开了三峡地下电站东电机组（27号、28号）补充验收会，形成如下意见：

（1）会议认为三峡集团公司于2013年7月11日在宜昌组织召开的三峡地下电站东电机组稳定性能专家评审会已经对东电机组稳定区域作了客观公正的评价，同意专家组意见。

（2）会议同意三峡集团公司于2013年9月5日在三峡坝区组织召开的东电机组蒸发冷却系统型式试验评审会意见，全面总结和分析东电机组蒸发冷却系统型式试验情况，为蒸发冷却技术在大型水轮发电机组上的应用提供了经验。

（3）27号、28号机组已经通过长时间运行考验，会议一致认为27号、28号机组通过验收。

（六）三峡地下电站天津ALSTOM机组700Hz噪声和振动问题及处理

三峡地下电站30号机组启动验收会上，提出了定子铁芯700Hz高频振动与噪声问题。30号机组有水调试期间，在机组并网以及带负荷运行试验时，发电机机头处有异常噪声，风洞内也存在异常噪声。随后在定子机座上对异常噪声进行了测试：带励磁之前，定子机座振动幅值很小，且700Hz频率振动分量不明显；带励磁之后，定子机座700Hz振动分量显著，约为4.7g（g为重力加速度）。

针对该问题，天津ALSTOM对30号机组采取了增加铁芯压紧力、下挡风板增加支撑和定子铁芯增重三个阶段的处理，处理后定子铁芯水平振动加速度从5g降至1.9g（热态1.6g）。经评审会评估，认为处理措施已经达到预期目标，机组可以安全运行，并请三峡电厂对机组振动、噪声和温升等方面进行全面监测和加强对配重块巡视。

六、三峡电站机电工程建设管理

自左岸电站机电工程建设开始，三峡集团公司即成立了由公司总经理直接负责领导的机电建设管理组织机构（图 7－1）。为保证对三峡电站机电工程的有效控制，三峡集团公司领导层在贯彻执行国务院三峡工程质量专家组指导意见的基础上，采取了机电设备技术与机电安装分段管理的精细化管理模式，在公司机电协调领导小组的统一领导下，将设计、制造、安装单位、监造、监理等各方面形成质量管理的有机整体。该管理体制贯彻三峡机电工程建设始终，实践证明其管理层次清楚，重点明晰，有力地保证了三峡机电工程建设质量。

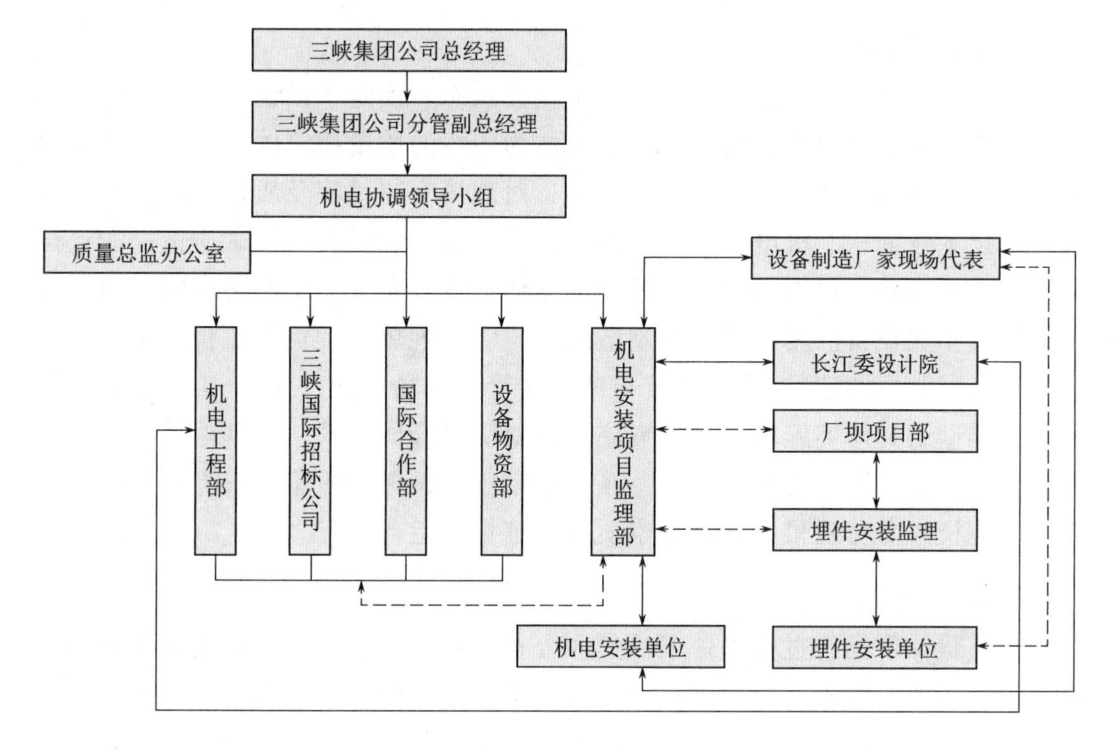

图 7－1　三峡电站机电建设管理组织机构

（一）机电工程建设质量体系

1. 设备制造质量检测体系

三峡集团公司始终坚持“质量第一”原则，建立了一套行之有效的设备制造质量管理架构和质量控制方法。

设备制造质量管理工作从选择厂商入手，在招标采购中坚持选择设备性能优良、质量信誉好、质量保证体系健全的厂商生产三峡电站的机电设备。在采购合同签订后把好设计质量关，三峡集团公司组织国内有经验的专家进行设计审查，参加设计联络会，提出设计方案、结构及配置等方面的意见和建议，完善供货商的设计，要求采用成熟技术和设计，从而保证设备制造的良好设计基础。在制造中，对重大设备采用监造和业主代表工厂检验的方式进行质量控制，对设备进行出厂见证，拒绝不符合合同规定的设备出厂。设备进入安装阶段，对到达现场存在质量缺陷的设备采用返厂处理、现场处理或就近选择工厂进行处理等多种方式解决质量问题，保证设备不留隐患，并加强安装工程中出现的质量问题的反馈，要求供货厂商按照反馈情况修改设计或工艺，提供满足合同规定的设备。对重大质量问题，还采用三峡集团公司领导层与供货厂商高层的沟通和协调，进行及时有效的解决。通过以上措施保证了设备的质量满足合同规定，满足安装和运行的需要。

2. 现场安装质量检测体系

为保证机电设备安装质量始终处于受控状态，确定了以设备制造厂家现场机构、安装单位项目部、监理部 3 个主体为主线的质量检测体系。其余各主要单位质量控制的职责为：①质量总监办，对现场安装过程及质量问题进行监督并提供技术咨询；②机电安装项目部，全面负责机组安装与调试质量；③设计单位，负责电站机组本体及相关设备的总体设计及布置；④设备厂家，负责机组本体及相关设备的具体设计及制造质量；⑤监理单位，负责监督机组设备设计与制造（驻厂监造）、现场安装与调试质量（现场监理）；⑥施工单位，现场安装与调试的具体实施单位，负责施工质量满足合同要求；⑦其他单位，负责配合机组安装与调试的相关工作。在该体系中，国务院质量检查专家组每年定期到工地检查监督质量，同时考察质量保证体系运行状况。

3. 质量体系的运行情况

在质量体系运行过程中，三峡集团公司重点检查督促设备制造厂家现场机构是否能切实为设备安装提供技术指导，进行有效的质量控制；安装单位的施工组织机构是否健全、施工管理制度是否落实、相关责任是否明确；监理部的专业监理部门设置是否合理，相关监理制度是否能有效执行，总监、各级监理是否能有效负责现场监理工作，及时发现质量问题。强调一旦发现问题要从体系认识高度上进行修缺补漏，确保控制体系顺畅运行。

在三峡机电工程建设全过程管理中，质量体系内的业主、设计、监理、设备制造厂家及施工单位等各方形成多位一体的质量管理合力，对机电安装质量实施了全过程、全方位的监控。根据不同施工阶段，还及时加强质量保证体系内各环节的有机整合与协调，在实践中不断完善体系结构及相应规章规程。同时，利用三峡集团公司工程检测中心对焊接、探伤和测量等工作进行检测和提供决策建议。

质量体系实行质量一票否决制，同时以不留质量隐患为原则，在质量与进度发生矛盾时，进度必须服从质量。从实际效果上看，三峡电站的主要机电设备采购、设计及制造未发生重大质量问题，发现的设备缺陷均能及时稳妥处理；机电安装辅控指标全部达到三峡标准中的合格等级，定、转子圆度等主控指标均达到优良等级，且安装质量逐台提高；三峡电站机组投产后全部达到“首稳百日”目标（“首稳百日”释义：在2003年左岸电站全面实现6台700MW机组达标投产和无缝交接的基础上，为不断促进和提高机组安装质量，2004年对新投产机组提出了更高要求的百日安全运行考核目标，即“首稳百日”），制定“精品机组”运行考核标准后，右岸电站19号、20号、21号、22号、23号、24号共6台机组及地下电站27号、28号、29号、30号、31号共5台机组达到“精品机组”要求［“精品机组”释义：在右岸机组安装阶段，为更好地践行三峡建委“又好又快水电开发”理念，特编制了“三峡机组考核标准”，标准中划分了3个层次，按高于国家标准逐层提高排序，分别是“合格机组”“优良机组”“精品机组”。其中，“精品机组”标准远高于三峡标准对机组安装的要求，其主要指标为推力瓦温差不大于2.5℃，三部轴承摆度小于20道（1道＝0.01mm）。地下电站机电工程建设中根据地下电站机组特点，对“精品机组”标准进行了适当修编，机组调试质量优良］。

总体看来，该体系分工有序，把关严谨，有力保证了三峡机电设备设计及制造、安装与调试工程质量。

（二）机电工程质量控制目标

1. 设备采购、制造质量控制目标

三峡机电设备采购、制造质量管理目标为：设备选型安全可靠先进；招标文件完备公平科学；评标工作公平公正准确；合同文件正确完整严密；设备配置正确科学合理；力争出厂设备无缺陷；设备总体性能优质、高效。始终坚持“质量第一”原则，在各个过程环节中加以严格控制。招标设计阶段选择安全可靠兼顾先进的技术方案，设备招标时采购成熟先进设备，设计方案审查阶段加强安全性复核，加工制造实行全过程监造，按照“凡是不满足质量要求的设备不得出厂，凡是不满足质量要求的工序不得转序”的原则，从严控制关键节点和重要工艺过程，从而保证了出厂设备质量满足合同规定，不留缺陷。

2. 现场安装与调试质量控制目标

三峡机组安装与调试总体质量管理目标为：在机组安装阶段实现零质量事故，在机组移交后实现安全稳定运行。具体质量管理目标为：①所有安装与调试指标合格率达到100%，重要安装与调试指标达到三峡标准中规定的优良水平；②满足并网安全性评价的要求；③投运机组全部通过“首稳百日”运行考

核。确定“首稳百日”的意义在于：一是大型机组并网后不影响电网的安全稳定；二是对设备的设计和制造提出了更高的要求；三是对设备安装质量提出了更高的要求。

（三）机电工程质量控制采用标准

1. 设备采购、制造质量控制标准

机电设备采购及制造质量控制采用的标准包括国际标准、国家标准、行业标准、三峡标准、相关法规、制造厂家标准。

在设备招标文件中明确规定采用的技术标准、规范和要求，在合同签署阶段把采用的标准、规范和要求在合同中固定下来，在设备制造和安装中严格遵循。

机电工程质量控制标准根据招标方式的不同采用了不同的体系。国内招标采用中华人民共和国标准体系，国际招标中则选用国际上通用的标准（例如，美国标准、欧洲标准，以及 IEC、IEEE 等国际标准等）。在合同执行中，提出的标准替代必须优于合同的规定，且应得到买方的批准。设备制造质量标准的应用得到了良好的控制。

三峡集团公司还及时总结相关经验，编制了一系列企业标准，指导后续工作，确保设备性能优良、质量稳定、安全运行。

2. 现场安装质量控制标准

三峡 700MW 机组相关设备现场安装质量控制标准为国家标准、三峡标准、制造厂家标准。电源电站现场安装质量控制标准为相关国家标准及制造厂家标准。

在三峡 700MW 机组安装前，已有的国家标准及其他相关现行安装标准只涵盖到 550MW 容量的机组（二滩电站机组）。为此，在左岸电站机电安装与调试工程开工前，三峡集团公司在参照国际标准、国家标准及相关厂家标准的基础上，按照主要指标高于国家标准的原则制定了《水轮发电机组安装规程》，其所规范的水轮发电机组安装的主要内容包括：①主要部件的安装尺寸精度，如底环水平度、导叶端部间隙、定子及转子圆度、空气间隙、盘车摆度等；②主要电气试验参数如定子磁化试验、定子及转子耐压试验、主变局放试验、GIS 耐压试验的相关参数等。与当时已有的国家相关标准相比，左岸标准特点是指标体系全面、详细，主要指标要求高。

在总结左岸电站机组安装与调试经验的基础上，为了进一步提高机组安装质量，确保机组长期稳定可靠运行，在右岸及地下电站机电工程建设中，以三峡左岸水轮发电机组安装规程及厂家标准为基础，按照主要指标高于国家标准

且不低于左岸标准的原则对安装规程进行了修编，并在实践过程中适时补充、完善。

（四）机电工程质量管理制度

1. 设备制造质量管理制度

（1）设计联络会和专题会议。通过设计联络会议和专题会议，有预见性地提出质量控制的要求，及时解决设计、试验、制造各阶段出现的质量问题。

（2）材料替代审批制度和铸锻件缺陷报告制度。在主要设备的制造合同中对材料的替代作出了明确规定，制造厂商在进行材料替代时必须进行严格的申报，得到批准后方能使用，从而有效控制了材料质量。

按照合同规定，铸锻件缺陷必须进行报告。存在超标缺陷的铸锻件不能使用。

（3）设备制造监造。对重要设备进行监造，是保证设备制造质量的重要手段之一。三峡集团公司对机组埋件、机组本体、主变压器、GIS、IPB、1200/125t 桥机等设备实行监造。

通过规范标准的严格管控、制造单位的精心组织、监造单位的全过程监管，在机电设备制造过程中，及时开展材料与合同符合性检查、设备制造质量检验，并及时提出不符合项报告，要求制造厂商进行改进和处理。只有当所检查到的项目满足合同要求，不符合项报告才能关闭，设备方能出厂。

（4）设备出厂验收。主要设备的试验和出厂均派出专门小组进行见证。验收小组一般由三峡集团公司、设计单位、长江电力、设备公司及聘请的专家组成。验收小组在出厂试验中及时发现存在的质量问题，督促供货厂商按照合同规定提交最终产品，从而保证了设备质量。

（5）制造质量问题处理和反馈。虽然在制造过程和出厂阶段对机组设备的主要部件进行了控制，但由于机组设备不可能在工厂进行完整组装等原因，依然在现场安装中发现设备缺陷。现场发现的缺陷及时反馈，采取现场处理、返厂处理等方式予以解决，确保设备不留隐患。

（6）质量问题的研究和协调机制。成立了机电工作协调领导小组，每周召开机电协调例会，对设计、招标、合同执行、仓储运输、安装全过程中发现的问题进行研究和协调。会议及时对出现的质量问题进行研究，慎重提出处理方案，促使供货厂商提供的产品满足合同规定，满足安装和运行要求。

（7）公司和质量专家组进行联合质量检查。为保证机组制造质量和安全稳定运行，三峡集团公司与质量专家组在设备制造阶段和机组投产前对水轮发电机组完成了多次联合质量检查。

2. 设备制造质量管理措施

主要设备制造质量管理措施将设备制造质量监督关口前移，设立驻厂监造机构，三峡集团公司组织专项检查并召开专题会议，邀请国务院重大设备制造质量检查组在设备制造过程中及机组启动前进行相关检查，实施监理安装与调试现场设备缺陷快速响应，及时反馈、解决设备制造质量问题。

3. 现场安装质量管理制度

（1）国务院质量检查专家组定期检查制度。国务院质量检查专家组每年定期到工地检查监督质量，根据检查情况提出指导性意见，促进了各方对质量宏观掌控的能力，提高了解决重大质量问题的能力和效率，有力保证了施工质量整体受控。

（2）机电设备设计及制造质量问题快速响应制度。设备质量是机组安装与调试质量控制的源头与关键，为促进设备设计及制造质量，争取将全部质量问题都在厂内解决，确保每一部件按期、合格出厂。现场建立了由施工、监理、业主项目部、设备厂家现场机构组成的设备质量问题快速响应制度，及时将相关信息反馈到制造厂家，提高问题解决效率并避免类似问题重复发生。

（3）施工单位“三检制”。施工单位“三检制”即施工单位班组初检，班组技术员复检，质量工程师终检制度。通过层层把关，把质量问题全部在转序前处理完成，不能解决的及时向监理汇报。监理单位监督检查施工单位“三检制”实施情况。

（4）监理制度。施工过程中，要求监理巡检与旁站相结合，对重要及关键工序实施全过程旁站监理，严格按标准控制并独立复检，不合格项坚决返工。

（5）质量例会和专家咨询制度。三峡机电建设工程规模宏大、技术复杂、施工强度高、施工难度大。为确保工程质量，创建一流工程、精品工程，建立了质量例会和专家咨询制度，即坚持每种机型每周至少1次的例会制度及遇到重大质量问题时的专家咨询制度。通过及时组织各方对工程实施过程中遇到的各种技术、质量问题进行集中讨论、分析，高效率地提出解决方案和措施。

4. 现场安装质量保证措施

（1）全面加强设备质量管理。①委派监理进行驻厂监造，将设备质量控制关口前移到设备厂家；②三峡集团公司领导带队并邀请国务院重大设备制造质量检查组与三峡枢纽工程质量检查专家组到制造厂检查；③在机组启动前再次邀请国务院重大设备制造检查组、三峡枢纽工程质量检查专家组、相关设备厂家进行联合检查，重点检查安装过程中发现的设备制造缺陷的处理情况；④要求厂家加强现场技术服务工作，特别是国产机组安装与调试期间，要求厂家管理、技术人员深入现场处理设计、安装及调试方面各类技术问题，积累现场安装与调试经验，进一步提高对重大技术问题快速响应、分析、判断、决策和处理的能力，并根据安装、调试中遇到的实际问题不断完善国产机组的研发、设计、制造工作。

（2）严格监控施工相关资源配备情况。人员配备监控：注意控制不同施工阶段及不同工序是否有足够的资质合格且专业层次合理的施工人员、质检人员及管理人员；设备、工器具配备监控：大型安装设备及工装如大桥机、座环加工工具、基础环及座环加工平台、定子组装平台、定子下线工装、定子防尘棚、转子组装工装、转子热套保温被配备等；各类机械电气检测设备如定转子测圆架；特殊工器具如液压拉伸器、液压扳手、中频焊机、刀具配备情况等。

（3）严格执行安装方案、机组调试方案及程序审批。各类安装方案及机组调试方案由施工单位根据合同要求及现场实际情况编制，内容包括技术方案、安全措施、施工资源配置等内容，按流程报送监理、安装管理部门、设计及机组启动验收委员会等相关单位和部门后，经批准后予以实施。

（4）严格执行三卡制。三卡制中的“三卡”指设备到货质量检验卡、安装工艺卡、安装质量检查卡。通过严格执行三卡制，杜绝不合格的设备进入安装现场，严格监督每道工序、工艺按标准施工、规范转序签证制度，切实加强了事前控制与过程控制。

（5）明确质量控制重点，进一步明确质量控制标准。结合工程特点确定分部工程、分项工程、单元工程；确定各主要工序的质量控制要点和风险源，编制相应工序检测代码及工序检验标准；开工前组织厂家现场技术交底，进一步明确质量控制标准。让每位工程参建人员知道自己应该干什么、怎么干、干到什么结果，在质量管理上实现“标准化、制度化”管理，做到凡事责任到人，凡事跟踪到位，凡事分析准确，凡事处理彻底，凡事记录明了，真正实现质量管理的可控、能控、在控。

（6）严格执行达标投产和无缝交接管理相关措施。针对国内部分水电站机组投产后出现的种种问题，三峡电站严格执行“达标投产和无缝交接”的管理目标。在机组调试阶段，制定了机组充水前的联合检查签证制度、72 小时试运行结束后消缺联合检查签证制度以及遗留尾工消除签证制度等。通过这些制度的建立和实施，将“三漏”问题、接线端子松动、焊接作业不规范、吊运过程中损伤设备等通病和易发症作为机组交接前的重点治理项目，有效消除了水电站机组投产后即容易出现缺陷的问题，保证了机组投产后无缝交接，真正实现了“建管结合”。

（7）精细信息化管理。从右岸电站机电建设开始，三峡集团公司结合

TGPMS（三峡工程管理系统）管理系统的成功应用经验，针对机电项目的特点，组建机电项目精细信息化科学管理平台。主要包括以下6个方面：项目设计管理、项目合同设备管理、项目进度控制、项目质量控制、项目安全控制、项目资料管理。整个信息平台便于不同层次的使用者使用，便于统计、分析、查询，并能生成相关报表。精细化管理有利于机电设备安装与运行控制的精准达标，在三峡机电工程建设中取得了良好效果。

(8) 不断强化安全文明生产，以良好的施工环境保证施工质量。良好的安全文明施工环境是机电安装质量控制顺利进行的保障。三峡机电工程建设期间，采取了多项针对性控制措施对重要施工工序相关部位的温度、湿度、粉尘等进行控制以保证机电安装质量。并特别注重机组调试期间，安装机组、调试机组与运行机组各工作面间的安全防护及隔离措施的布置与落实，实施了对调试机组的全封闭管理，保证了机组调试顺利进行。

(9) 制定相关质量奖励措施。为充分调动各级参建人员的积极性为建设一流三峡工程献计献策，让所有工程参建者都能以高度的责任心与荣誉感投身于工程建设，先后制定了“工艺改进能手”“技术革新能手”“消灭顽症能手”“质量先进”及“优秀建设者”等奖励措施，在全体参建人员中创造良好的质量创优氛围，为三峡机电安装工作质量水平的提高起到了极大的推动作用。

七、电站的运行维护

(一) 三峡电站机组运行情况

三峡左岸电站首批机组于2003年7月正式投产运行，至2005年9月，左岸电站14台机组（9800MW）全部投产；右岸电站首台机组于2007年6月正式投产运行，至2008年10月，右岸电站12台机组（8400MW）全部投产；地下电站首台机组于2011年5月正式投产运行，至2012年7月，地下电站6台机组（4200MW）全部投产；电源电站2台机组（共100MW）均于2007年投产。具体投产时间见表7-4。

表7-4　三峡左岸电站机组投产进度

机组号	运行接管时间	机组号	运行接管时间
三峡左岸电站机组投产进度			
1	2003年11月22日	3	2003年8月18日
2	2003年7月10日	4	2003年10月28日

续表

机组号	运行接管时间	机组号	运行接管时间
5	2003年7月16日	10	2004年4月7日
6	2003年8月29日	11	2004年7月26日
7	2004年4月30日	12	2004年11月22日
8	2004年8月24日	13	2005年4月24日
9	2005年9月10日	14	2005年7月21日
三峡右岸电站机组投产进度			
15	2008年10月30日	21	2007年8月20日
16	2008年7月2日	22	2007年6月11日
17	2007年12月27日	23	2008年8月22日
18	2007年10月22日	24	2008年4月26日
19	2008年6月18日	25	2007年11月6日
20	2007年12月18日	26	2007年7月10日
三峡地下电站机组投产进度			
27	2012年7月4日	30	2011年7月16日
28	2011年12月19日	31	2011年5月31日
29	2012年2月24日	32	2011年5月24日
三峡电源电站机组投产进度			
X1	2007年5月23日	X2	2007年5月23日

截至2014年12月31日，三峡左岸电站累计发电4945.44亿kW·h，右岸电站累计发电2726.01亿kW·h，地下电站累计发电398.69亿kW·h，电源电站累计发电37.73亿kW·h，全电站总发电量8107.87亿kW·h。三峡电站历年发电量情况统计见表7-5。

表7-5 三峡电站历年发电量统计表 单位：亿kW·h

年份	左岸电站	右岸电站	地下电站	电源电站	合计
2003	86.07				86.07
2004	391.59				391.59
2005	490.9				490.9
2006	492.49				492.49
2007	531.97	81.1		2.96	616.03
2008	441.21	361.9		5.01	808.12
2009	402.41	392.27		3.86	798.54

续表

年份	左岸电站	右岸电站	地下电站	电源电站	合　计
2010	441.66	396.75		5.28	843.69
2011	380.58	351.17	45.33	5.84	782.92
2012	441.1	415.17	119.86	4.93	981.06
2013	382.16	348.77	92.75	4.59	828.27
2014	463.3	378.88	140.75	5.26	988.19
合计	4945.44	2726.01	398.69	37.73	8107.87

注　截至 2014 年 12 月 31 日。

（二）三峡电站机组稳定运行范围

三峡枢纽首要功能是防洪，其次是发电和航运。受防洪限制水位和分期蓄水的影响，机组运行水头变化很大，而且汛期与枯水期基本处于两段不同的水头段运行。三峡电站正常蓄水位 175.00m，水轮机最大运行水头 113.00m，最小水头 71.00m，初期投产最小水头 61.00m。

在三峡水库 175.00m 蓄水过程中，三峡电站从不同厂家设计的机组中各选择 1 台，委托中国水利水电科学研究院、华中科技大学进行了升水位过程中的机组稳定性能和相对效率试验，并对试验成果进行总结，结合不同设计的机组综合运转特性曲线，对机组运行范围进行分区，划分了稳定运行区、限制运行区、禁止运行区、空载运行区四个区域（图 7－2～图 7－6），用于指导电站机组运行。

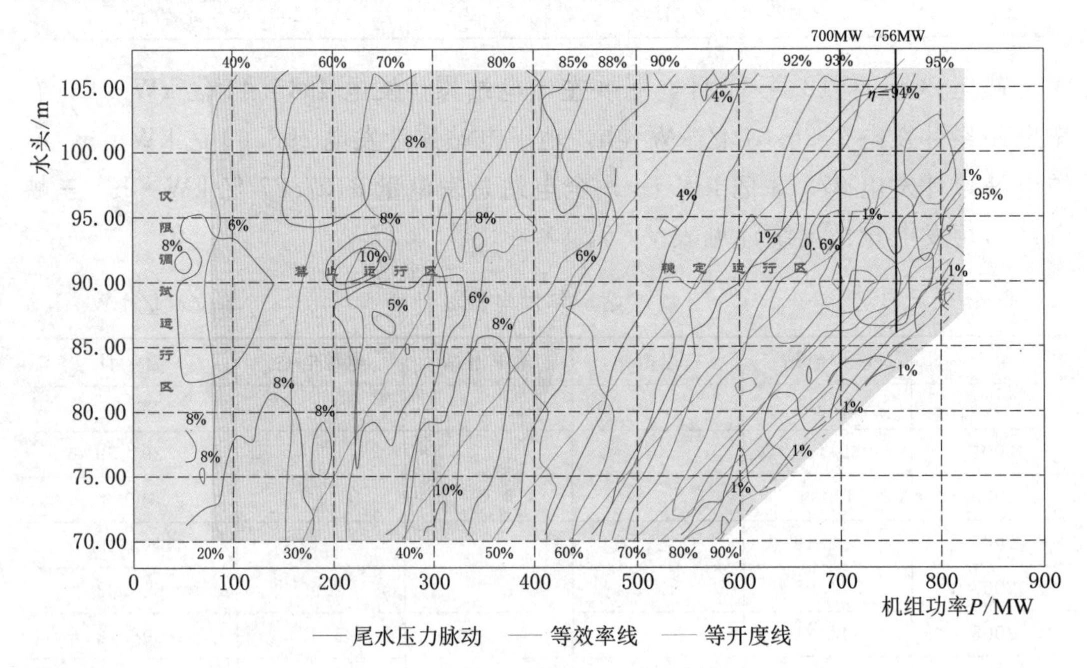

图 7－2　左岸 AKA 机组 6 号机运行分区

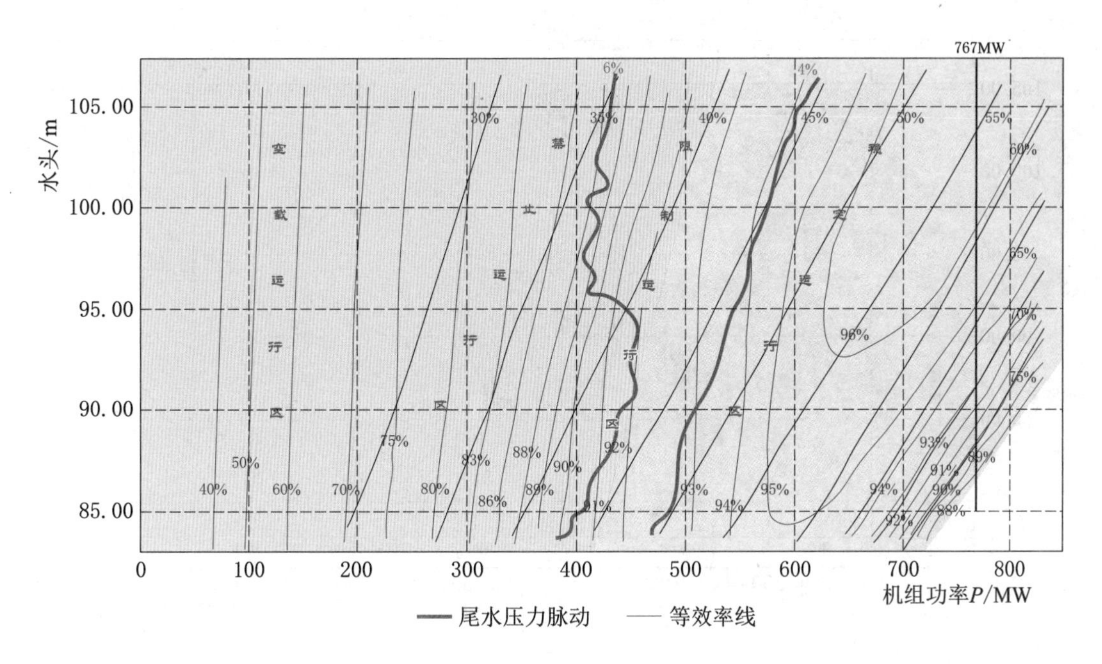

图 7-3 左岸 VGS 机组 8 号机运行分区

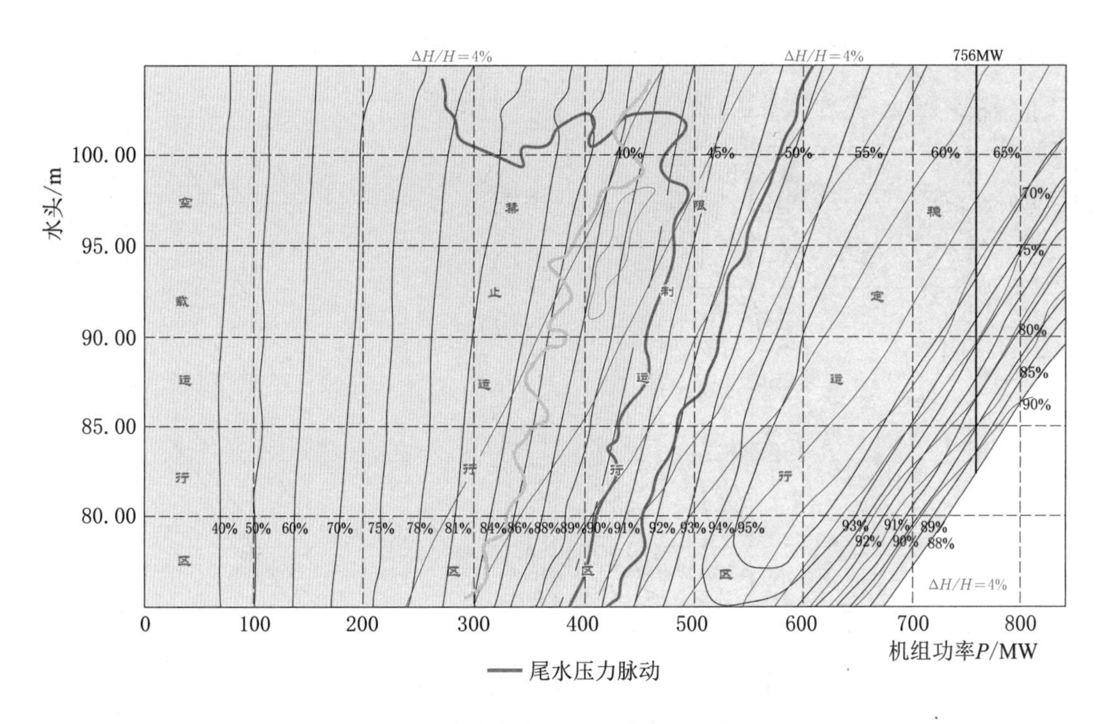

图 7-4 右岸东电机组 16 号机运行分区

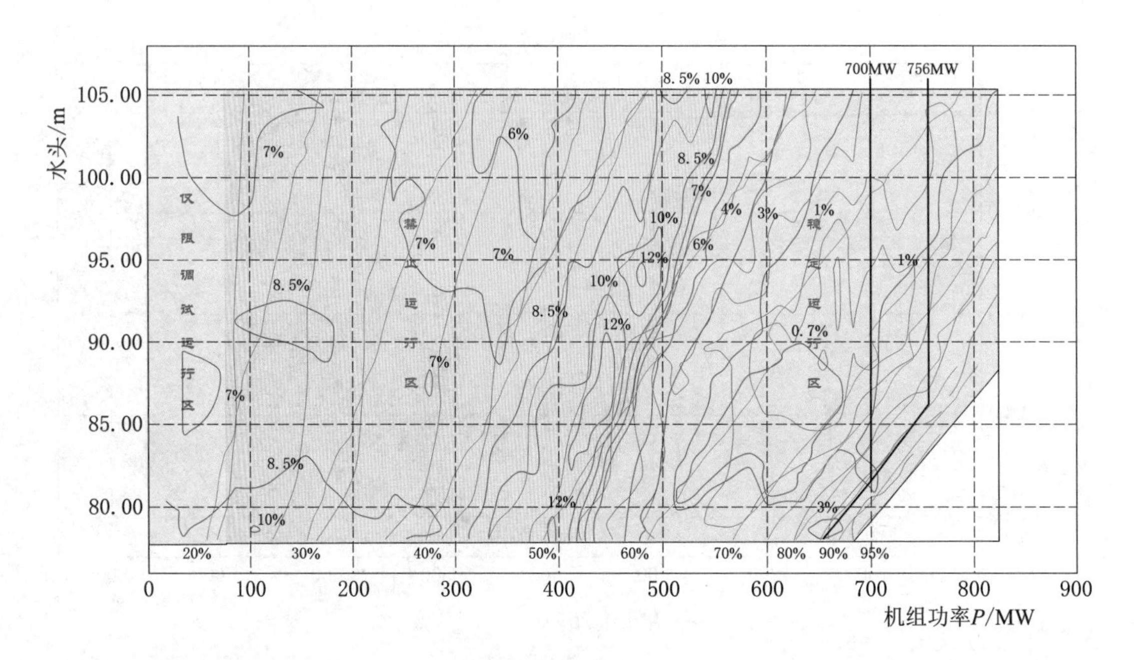

图 7-5　右岸 ALSTOM 机组 21 号机运行分区

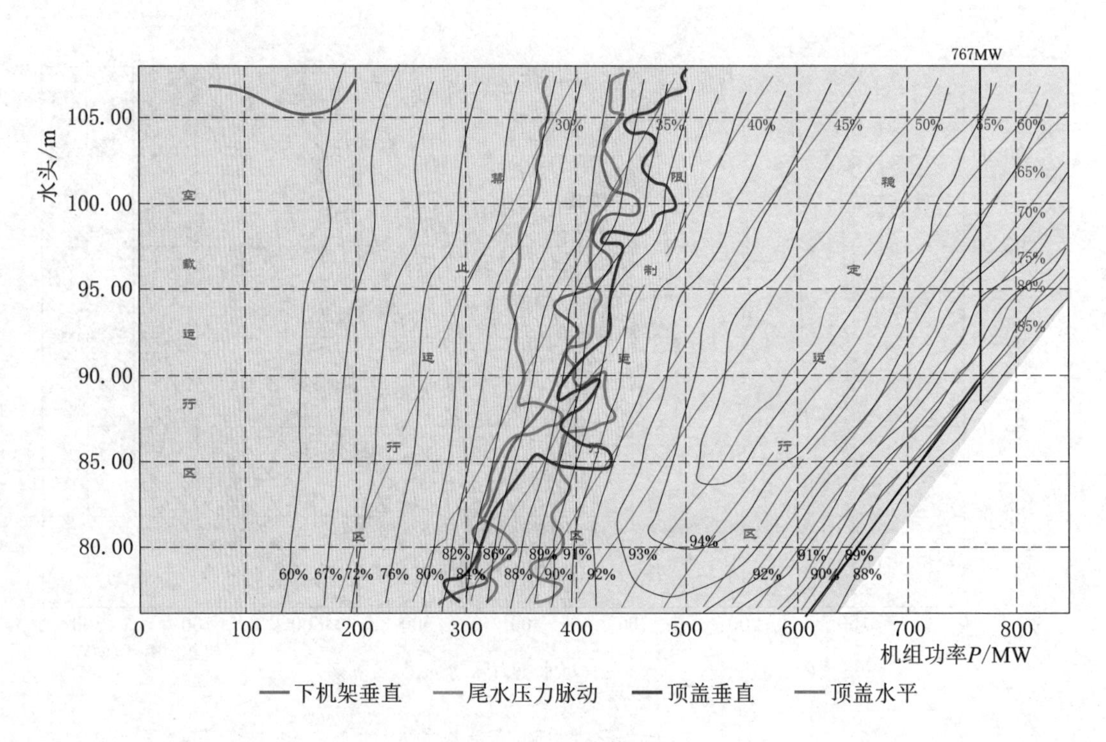

图 7-6　右岸哈电机组 26 号机运行分区

（三）机组运行状况评价

1. 机组可靠性评价

三峡电站 32 台 700MW 水轮发电机组及 2 台 50MW 水轮发电机组自投产以来，先后经历了 2003 年汛末 135.00m、2006 年汛末 156.00m、2009 年汛末 172.00m、2010 年汛末 175.00m 四个蓄水位以及 756MW 大负荷运行考验，历年机组等效可用系数均在 93%以上，机组强迫停运率除在投产初期较高外，其余时间均较低，可靠性指标始终保持在较高水平（2003 年 6 台机组等效强迫停运率 0.43%，2013 年 34 台机组等效强迫停运率 0.02%），为电力行业的先进水平。

2. 机组能量特性与稳定性评价

在 2008 年汛末的首次 172.00m 水位试验性蓄水期间和 2010 年汛末 175.00m 水位试验性蓄水期间，三峡集团公司对不同厂家提供的五种机型组织了运行性能测试试验，各项试验遵循 ISO、IEC 国际标准以及我国现行相关规程规范。试验结论性意见如下：

（1）能量性能。

1）真机实测效率曲线与模型换算效率曲线变化趋势基本一致，最优效率点的位置与模型换算值基本吻合。

2）随着水头的升高，水轮机最高效率点向高负荷区移动。

3）低水头下，机组出力均大于合同保证值。

4）全水头范围内，70%～100%实测最大出力区间，各机组均有较高的水轮机效率。

（2）稳定性能。

1）压力脉动：测试的 5 种水轮机压力脉动水平相当，在 70%～100%出力范围，未发现水力共振、卡门涡共振和异常压力脉动，压力脉动混频相对幅值总体满足合同保证值。在 70%～100%出力范围，右岸电站机组的稳定性能略优于左岸电站机组。

2）振动和摆度：5 种机组的振动和摆度随负荷变化趋势基本一致，主轴摆度和机组振动水平相当，满足合同保证值的要求。在 70%～100%出力范围，未发现异常振动现象。

3）稳定运行范围：直至运行到高水头段（最高水头达到 110m），5 种机组 70%～100%出力范围内稳定性能满足合同要求。

4）各机组在小负荷区间振动明显，机组应尽量避开小负荷区和强涡带工况区运行。

总体试验结果表明，三峡机组具有良好的运行特性，与模型水轮机性能吻合良好。

3. 机组最大出力、振动及其他评价

（1）在175.00m水位下，进行了机组840MVA（有功756MW，无功366Mvar）运行试验。试验情况表明，机组运行稳定，各部位轴承温度正常，发电机定子绕组、定子铁芯和齿压板等部位温度低于设计值，机组在容量840MVA工况下运行是安全稳定的。

（2）三峡水轮发电机组按有功功率756MW设计、额定功率因数0.9、最大容量840MVA，经试验和运行验证，三峡机组具备756MW长期安全稳定运行的能力。专家认为，运行过程中按单机最大容量840MVA控制调度有利于扩大机组稳定运行范围。

（3）根据现场测试结果，三峡电站机组各种机型运行区按压力脉动、振动、摆度综合考虑划分为稳定运行区、限制运行区、禁止运行区、空载运行区，符合三峡机组安全稳定运行的实际需要，可用于指导三峡机组运行。

（4）在水位145.00m和175.00m条件下的厂房振动测试表明，厂房各部位的振动在允许的范围内。

（5）机组运行和试验成果表明，经国内多年的研究和科技攻关，三峡机组的设计、制造由左岸电站的以国外厂商为主，东电和哈电分包制造，到右岸电站中8台机组由东电、哈电独立设计制造，走出了一条技术引进、消化吸收、自主创新的成功之路。

（6）发电机与冷却方式相关的参数主要是定子线棒和铁芯的温度，通过对机组额定出力情况下发电机定子线棒和铁芯的温度测量和分析，三峡电站32台700MW机组的各项主要温度指标均能满足设计要求及合同标准，3种发电机冷却方式均能满足发电机的各种运行工况。

4. 其他机电设备运行评价

机组相关附属设备、公用系统设备以及主变、GIS等输变电设备随同机组运行共同经受了实践检验，除地下电站新投产机组因励磁及保护系统设备原因导致过停机外（目前均已进行更换与改进），性能优良，可长期可靠、稳定运行。

5. 国产机组与国外机组性能比较

2008年汛后在三峡水库172.00m水位试验性蓄水期间，选取了东电16号机组与VGS 8号机组、哈电26号机组与ALSTOM 21号机组的运行情况进行了比较；2012年汛后蓄水过程中又进行了地下电站机组与右岸电站机组的现场对比试验。比较结果表明，三峡机组主要运行性能参数均满足国家标准及合同保证值；国产机组真机总体性能指标达到了国际一流水平，部分指标超过国际先进水平。

（四）三峡电站机组运行基本评价

三峡电站首台机组于2003年7月投运，2013年6月开始蓄水，机组先后经受了高低水头和大负荷等各种工况的考验，机组相关附属设备、公用系统设备及输变电设备等运行性能优良，总体运行状况平稳。

截至2014年12月31日，三峡电站累计发电量为8107.87亿kW·h。运行实践表明，三峡机组运行稳定，能量、空化和电气等性能良好，主要性能指标达到或优于合同要求，能满足长期可靠、稳定运行需要。各泄水建筑物的闸门和启闭设备、发电建筑物的闸门和启闭设备启、闭正常，能保证整个水利枢纽工程的安全稳定运行。通过三峡工程的建设，国产水电设备的整体研发设计水平、制造能力和大型电站建设、管理水平实现了跨越式提升，自主设备总体性能达到了国际先进水平。

第八章

三峡工程对我国水电机电设备行业技术进步和制造能力的影响

三峡工程以前，我国水电装备研制水平与国外相比差距很大，单凭国内技术短期内无法实现三峡电站巨型机组的自主研制。在国家正确的决策下，采用“引进—消化吸收—再创新”的技术路线，依托三峡工程，我国哈电、东电、西开电气、保变等水电设备骨干企业引进并消化吸收了先进的水电设备研发、设计、制造技术及管理理念，建立了现代化的自主研发创新体系与制造加工体系，实现了水力发电设备的自主创新和研制。三峡工程的成功建设，使我国水力发电设备水电研制技术在6～7年内实现了近30年的技术跨越，达到国际先进水平。

继三峡右岸700MW水轮发电机组的自主研制之后，我国相继完成了一大批单机容量700～800MW巨型混流式机组主机、辅机及相关电气设备的自主研制工作，现正进行世界单机容量最大的1000MW混流式水电机组的研制工作。

三峡机组研制的技术成果还推广应用至轴流式机组、贯流式机组、冲击式机组和抽水蓄能机组的设计研发过程中，推动了我国水力、电机、电气、自动化、材料等相关行业的技术进步，为我国企业逐步走向国际市场奠定了良好的基础。

一、先进技术引进与自主创新能力的提高

在国家政策引导和支持下，三峡集团公司充分发挥业主统筹协调的主导作用，积极推进技术引进与自主创新工作，采用国际招标的模式来采购设备，搭建国际竞争平台，推动了我国水电设备制造企业积极参与国际竞争，促进水电装备自主研制水平的提升。如水轮机模型的国际同台对比，促进了我国水轮机自主研发水平的提高，哈电、东电开发了综合性能优于左岸进口机组的右岸机组转轮。同时，在三峡左岸机组技术引进基础上，哈电、东电进一步深入研究和创新，哈电研制出具有我国自主知识产权的国产840MVA全空冷水轮发电

机，在世界上首先突破了全空冷水轮发电机最大容量的制造极限，东电开发出具有我国自主知识产权的840MVA定子蒸发冷却水轮发电机，在世界水轮发电机发展史上独树一帜。三峡工程使我国企业在水电重大装备方面实现了由引进、消化、吸收到再创新的创举。

（一）水轮机

在三峡工程之前，我国水轮机的水力开发总体技术水平与国际先进水平存在30多年的差距，主要体现在3个方面：①大型混流式水轮机的水力性能较国外有很大差距，如混流式水轮机模型最高效率仅93%左右，与国际先进水平有2%的差距；②水力设计手段落后，主要依靠经验进行设计，无先进可靠的水力设计分析软件，更没有当时在国际上已成为主要设计工具的CFD分析软件，模型开发命中率极低；③模型开发效率低，每年只能完成2～3个模型转轮的开发和试验。依托三峡工程，国内企业引进了先进的水力设计软件和模型试验技术，水力开发水平得到快速提升。至右岸阶段，在消化吸收左岸引进技术的基础上，采用CFD优化设计与先进模型试验相结合的手段，通过技术创新和对左岸机组高部分负荷压力脉动问题的深入研究，国内企业成功研制出水力性能优良、高稳定性的三峡右岸转轮，综合性能超过了左岸转轮。在三峡集团公司组织的哈电、东电、ALSTOM、VOITH 4家公司参加的水轮机模型同台对比试验中，哈电、东电转轮性能优良，满足合同要求。哈电开发的L形叶片水轮机转轮和东电开发的“轮缘翼前置型”转轮均获得国家发明专利，其中哈电的L形叶片水轮机转轮荣获第六届国际发明展览会金奖。

通过对三峡右岸水轮机水力设计与稳定性研究，哈电、东电在大型混流式水轮机稳定性研究方面积累了丰富经验，对水轮机稳定性有了更为深刻的认识，掌握了解决长期困扰国内外水轮机稳定性问题的根本方法。

在水轮机结构设计方面，哈电和东电全面总结并吸取了三峡左岸机组水轮机设计、制造、安装与运行经验，同时结合自己多年来的水轮机设计经验，不断改进优化水轮机设计结构，并对主要部件刚强度进行有限元分析计算，将各部件应力值和疲劳应力值控制在合理范围内，充分提高了机组的各项安全稳定性，从而使三峡右岸电站水轮机的各项性能指标达到国际先进水平。三峡右岸电站水轮机结构设计优化创新主要内容如下：

（1）转轮结构优化设计。

（2）主轴结构改进。

（3）水导轴承、主轴密封、中心孔补气装置等其他转动部件技术改进。

（4）顶盖、底环、导叶及其零部件、接力器等导水机构技术改进。

（5）水气油系统、环型吊车以及其他布置系统的技术改进。

在水轮机生产制造能力方面，哈电和东电实施了大型水电设备生产制造扩、改建工程，对老生产线进行改造，扩建大型水电设备生产厂房，并对水电科研基地进行改造提升。改扩建后的水电生产线技术水平达到国际先进水平，生产线的制造加工能力与水平覆盖世界上当今和未来最大规格机组，高精加工和生产能力显著提升，具备与国外同行竞争的实力。

（二）水轮发电机

大容量发电机的冷却是三峡水轮发电机的一项关键技术。三峡左岸 VGS 机组和 AKA 机组都采用了半水冷冷却方式，运行实践表明半水冷机组存在诸多不稳定因素。在总结左岸引进机组冷却技术经验的基础上，哈电和东电经过科学研究、大胆创新，在大容量发电机冷却技术上取得了巨大进步。

1. 全空冷水轮发电机

为提升发电机运行可靠性，降低运行成本，提高电站经济效益，哈电针对三峡水轮发电机的特点，突破了对空冷电机极限容量限制（每极容量）的设计理念，综合解决了全空冷巨型水轮发电机安全、可靠、长期稳定运行的难题，创新性地研制出了全空冷发电机。三峡右岸全空冷水轮发电机定子吊装见图 8－1。

图 8－1　三峡右岸全空冷水轮发电机定子吊装

全空冷发电机需重点解决定子线棒的温升问题、定子线棒轴向温度分布均匀度问题和由发热引起的机械应力、定子铁芯热膨胀及翘曲问题。哈电采用先进电磁计算软件对发电机参数进行优化设计，尽可能控制热负荷，降低定子温升。定子线圈采用不完全换位代替 360°换位，减少由于线圈端部漏磁场而引起的附加损耗，降低股线间温差。弹性机座通过鸽尾筋与铁芯连接结构的设计以及准确计算定子铁芯热膨胀量和定子机座与上机架联合单元的整体刚强度，实现防止铁芯翘曲，解决了铁芯翘曲影响巨型发电机可靠稳定运行的世界难题。研制了20kV主绝缘定子线棒绝缘结构和绝缘材料，开发出新型绝缘结构，从而大幅度提高线圈绝缘电气性能。开发了高介电强度桐马环氧玻璃粉云母带，还独创出新型全防晕结构。工艺上采用了新型模压制造工艺，攻克了大、高、宽比线棒的制造难点，使巨型发电机的定子线棒制造水平上了一个新台阶。在此基础上，哈电开展了通风系统计算仿真，电站真机通风、发电机表面散热系数和发电机用冷却器的试验和测试，进行了机组的结构优化以获得最大的风量和合理的风量分布，保证机组安全可靠运行。研制了世界上最大的30MN推力轴承试验台，在试验基础上，研制的弹性多支柱推力轴承成功应用于三峡右岸国产机组。哈电研制的全空冷机组，使我国巨型水电机组全空冷技术达到了国际领先水平，在中国电力发展史上树立了新的里程碑。三峡右岸水轮发电机通风模型、推力轴承三维结构图分别见图8-2和图8-3。

图8-2　三峡右岸水轮发电机通风模型

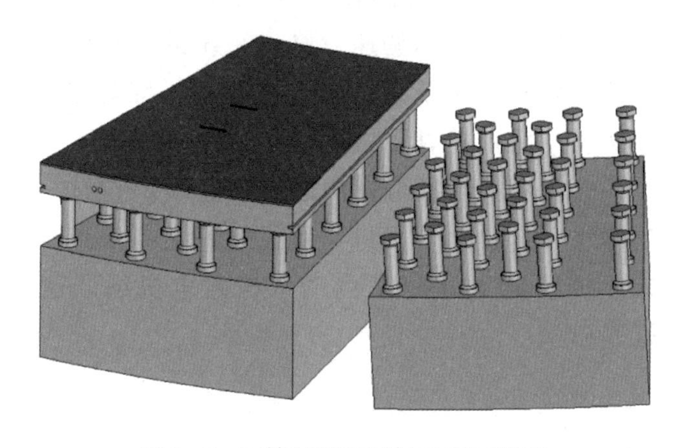

图8-3　三峡右岸推力轴承二维结构图

2. 定子绕组蒸发冷却水轮发电机

东电采用定子绕组蒸发冷却技术为三峡地下电站研制了两台具有自主知识产权世界最大容量的定子蒸发冷却发电机。蒸发冷却是利用高绝缘性能低沸点液体沸腾吸收气化潜热，进行冷却的一种自循环冷却系统，定子线棒将空心铜线作为冷却介质循环通道。当发电机运行时线棒内液态冷却介质受热而气化，通过线棒上端汇流管，将汽化的冷却介质进入冷凝器液化后又返回线棒下端汇流管，液态的介质再次进入线棒内的空心铜线，又一次进行新的循环，将电机内部的热量带走进行冷却。东电设计制造了1∶1的定子蒸发冷却模拟试验台（见图8-4），完成了各种试验，目前已成功安全运行。由东电设计、制造的三峡地下电站700MW机组，是中国首台840MVA定子蒸发冷却机组，也是当今世界上最大的定子蒸发冷却水电机组，具有完全自主知识产权，达到了国际领先水平。

图8-4 定子蒸发冷却真机模拟试验台

（三）辅机

三峡电站建设初期，我国大型发电厂的调速、励磁系统大都是以原装进口为主，部分采用进口组装方式，但核心技术都掌握在国外制造企业手中。国家重大技术装备办公室从三峡机组调速、励磁系统调研、编标书开始，筹划并稳步推进了700MW巨型水轮发电机组调速、励磁系统“引进—消化—吸收—再创新”的全部国产化进程，依托三峡工程左岸、右岸、地下电站的连续建设，成功谱写了700MW巨型水轮发电机组调速、励磁系统国产化的三部曲。

三峡左岸、右岸、地下电站的调速及励磁系统的成功研制与运行，对我国大型水轮发电机组调速及励磁系统的技术进步起到了推动作用，使我国调速及励磁系统的设计、研发、生产达到了国际先进水平，实现了调速及励磁系统全部国产化，拥有了700MW水电机组成功运行的业绩。同时，提高了我国水力发电设备制造业整体水平，进一步促进了我国电站装备制造体系的完整性和成套性，为我国未来单机容量1000MW巨型水轮发电机组调速、励磁系统的自主研制奠定了良好基础。

（四）主变压器

根据1999年保变、沈变与德国西门子公司之间签署的产品分包供货合同和技术转让协议，保变、沈变从德国西门子公司引进了 840MVA/500kV 变压器相关技术。保变和沈变组织精干力量对引进的技术资料进行了消化吸收，并派人员前往西门子纽纶堡变压器厂进行了技术培训，通过学习和培训国内企业基本掌握了西门子公司 800MVA/500kV 大型变压器的设计制造技术。国内企业完成了 6 台产品的合作生产，在产品的自主设计时应用了西门子公司的计算分析软件，并且这些软件得到了进一步的推广应用；采用了西门子公司的导线对接焊、线圈真空淋油恒压处理、气囊的使用、油箱等部件荧光试漏等先进工艺；在产品结构方面，在自主设计产品上逐步采用了先进的产品结构，如铁芯步进搭接、桶式油箱、层式绕组、变压器内部放置避雷器等结构；在自主研究与开发的基础上，通过对西门子公司技术的消化吸收与样机产品的合作制造，保变顺利完成了三峡地下电站 6 台 800MVA/500kV 主变压器的完全自主化设计与制造，产品的各项技术性能指标达到了西门子公司产品的技术水平。

（五）气体绝缘金属封闭开关设备

三峡工程 500kV GIS 开关设备，是国内企业依托三峡工程引进的技术，通过国家“九五”“十五”攻关项目消化吸收，再创新，最终形成自主创新的产品，走过了一条从技术引进、消化吸收、合作制造到自主设计、自主制造、自主创新之路。

三峡工程左岸电站 500kV GIS 设备，由 ABB 公司总承包，国内企业（西开电气、沈开公司）分包。按照规定：ABB 公司要将其 ELK3 型技术转让给国内企业并承担制造任务。国内企业全方位引进合同产品在设计、制造、试验、安装、维修、质量控制以及生产管理方面的最新技术。国内企业共分 3 批进行了技术转化与样机试制。

2004 年年底，国内公司与 ABB 公司合作，以西开电气、沈开公司为主，ABB 公司分包的方式中标三峡右岸电站 500kV GIS 设备制造合同。之后，西开电气与 ABB 公司又相继在三峡外送的上海华新、大唐宁德工程中合作供货。

通过三峡工程项目的合作制造及国产化设备研制，国内企业掌握了引进技术，具备了计算分析、设计、制造及现场安装的能力。三峡地下电站建设时，由西开电气自主设计、自主制造、独立供货，为三峡电站提供了技术先进、可靠性高、外观简洁、美观的国产化 GIS 设备，有力地支持了我国电力行业建设。

（六）计算机监控系统

在三峡梯调计算机监控系统及左岸电站计算机监控系统合同执行过程中，三峡集团公司、长江设计院与中国水利水电科学研究院自动化所（以下简称“水科院自动化所”）一起，参加了监控系统软件合作开发、工厂调试及现场调试的整个过程。水科院自动化所作为国内分包商，分包了监控系统与外部系统通信等部分的软件开发和调试工作。通过该项目，国内计算机监控系统厂家较好地掌握了计算机监控系统在总体设计、系统接口和通信等方面的关键技术，为特大型电站计算机监控系统的设计及自主开发创造了良好条件。

右岸及地下电站监控系统的设计和开发，吸收了左岸电站监控系统在全分布无主机系统结构、现场总线结构等方面的成功经验，实现了自主研发和集成创新，开发了具有自主知识产权的系统总体结构和应用软件系统。系统操作维护方便、实时性好、可靠性高、人机界面友好，在三网四层总体结构设计、自适应AGC频差系数控制技术、系统可靠性设计等方面居国际领先水平。

三峡右岸及地下电站计算机监控系统的成功应用，推动了我国水电站监控技术的发展，其成功经验已被直接推广应用到瀑布沟等30多个电站，创造了良好的经济效益和社会效益。

二、三峡主要机电设备制造厂技术改造情况

为满足三峡电站机电设备的制造条件与需求，同时提升国内企业的研发制造能力，三峡机电设备的国内制造厂商对企业生产制造能力进行了全面的改造，同时国家也向这些企业投入了巨额的改造资金。以下是各厂家的改造情况。

（一）哈电技术改造

1. 提高大型焊接结构件的制造能力

对哈电的哈尔滨本部焊接厂房和葫芦岛滨海大件厂进行改造，进一步提高大型焊接结构件的制造能力，其中哈尔滨本部焊接厂房改造内容主要有：新建钢板预处理线、大型退火炉、喷丸室；增设装焊平台，扩大大型焊接厂房的装焊工位，新建导叶生产线，增添埋弧焊机等；增添钢板预热炉和德国7轴数控气割机。葫芦岛滨海大件厂改造主要内容有：新建焊接厂房，配备了18m×50m装焊平台和1250tf校平油压机，并建有喷丸室、喷漆间；迁建原有钟罩式退火炉，改造原有设备，增添新设备以满足三峡水轮机转轮的加工要求，同时增加了480t码头露天吊车及相应的特殊起吊梁。

2. 提高大型水电部件机加工能力

对水电重型加工装配厂房和其他厂房进行改造，以提高水电部件的加工能力，其中水电重型加工装配厂房改造内容主要有：新建厂房建筑面积6687m^2，并装备了多台功能各异的重型数控机床，配备了大型装配平台及划线平台。其他厂房改造主要内容有：进行工艺路线调整，更新旧设备，新增多台不同功能

的数控机床以及磁极压板加工中心。

3. 提高水电线圈生产线生产能力

为提升水电线圈生产能力，对线圈加工车间进行了改造，配备新型数控四角焊机及1600t热压线圈的压力机，8000A的加热电源等，使三峡磁极线圈平行度达到0.6～1mm，比老设备精度提高1倍。新增磁极匝间短路检测仪，提高产品检测水平，保证制造质量。水电定子线圈生产线新增数控下料机、数控包带机、气动成型模具、模压装置、三坐标端部尺寸测量仪和等离子弧焊机等。

4. 提高科研和计量测试系统水平

为提升科研和计量测试系统水平，在水力试验台方面新建双工位150m高水头水力试验Ⅱ台和流态成像系统，改造100m高水头水力试验Ⅰ台。在电机及绝缘方面，新建3000t推力轴承试验台、电机通风冷却试验台、高压绝缘等设施。在计量测试方面，新增多台功能不同的探测测量仪，满足三峡产品的各项测量精度要求。

通过三峡技术改造，哈电的装备规模和生产能力成为国际同行业中实力较大的发电设备制造厂，特别在水力发电设备生产线方面已成为国际上规模最大的生产线之一。

（二）东电技术改造

（1）扩建大件运输通道。为方便三峡巨型转轮的运输，东电修建了德阳至乐山的大件公路，并在乐山修建了大件吊装码头，使生产的转轮等大件经大件公路运至乐山码头，再由内河运输到三峡工地。

（2）扩大生产作业面积。新建了重型装配跨厂房、焊接清理厂房、钢板下料库、9跨综合厂房、露天跨厂房、露天跨加盖厂房、水轮机厂房、铸钢厂房、线圈厂房、工具厂房等，合计面积共66780m^2。

（3）扩大生产能力。新增一系列俄罗斯、意大利、德国、法国等数控加工设备用于三峡转轮、叶片、顶盖、底环、水轮机主轴等部件的加工，极大提高了加工质量及效率。

（4）提高线圈和冲片制造能力。新增瑞士、法国、德国、澳大利亚等先进设备，提高发电机线棒绝缘的自动包扎、浸漆、大型磁轭冲片的冲制切割等工艺。

（5）提升大型焊接结构件的制造能力。新增德国、日本及国产设备；添置了两台多轴机器人焊机；新建大型燃气节能型退火炉、Q76200抛喷丸清理室，装焊平台总面积900m^2。

此外，还新增了多台不同功能的数控机床、吊车、混合气体站、加工中心、喷漆线、装配平台等多种设备。

(6) 提高科研和测试能力。新建水力试验室（T2、T4台），改造原有高水头试验台、DF-28水力试验台，进行了1000t推力轴承试验台、绝缘试验室、电机试验室、调速器和励磁试验站改造；购置了水力分析、强度振动软件和相关配套计算机硬件系统；购置了多台各类分析检测仪器，满足三峡等大型水电产品的各项测量精度要求。

通过三峡技术改造，东电发电设备生产能力迅速提升，生产能力和生产规模处于国际前列。

（三）保变、沈变技术改造

为确保三峡840MVA/500kV三相变压器在国内制造的质量达到西门子公司制造水平，西门子公司要求保变、沈变应使用与西门子公司性能相当的生产加工设备。为此，两家公司针对三峡项目完成了多项技术改造，总投资近亿元，购进了铁芯片剪切线、大型铁芯叠装台、铁芯叠装定位装置、卧式绕线机、立式绕线机、3500t热压机等一批世界一流加工设备，生产能力迅速提升，使国内企业的生产设备条件达到了西门子公司水平。

（四）西开电气技术改造

为能自主生产三峡工程所需的500kV GIS设备，西开电气在“七五”“八五”基建技改项目奠定的生产500kV GIS能力基础上，1995—2010年，围绕主导产品、三峡工程GIS及核心技术，持续进行了卓有成效的制造资源整合及技术改造。期间进行的主要固定资产投资项目有：“50万伏全封闭组合电器项目（大水电专项）”“超高压（特高压）开关设备产业化项目”“铝合金铸件生产基地建设项目”和“液压机构生产基地建设项目”等。

三、机电设备设计、制造、管理、运行等方面的技术进步

通过三峡工程，我国从20世纪90年代初300MW级水电机组研制水平迅速跃升至21世纪初700MW级水电机组自主研制水平，迈入世界巨型水电机组自主研制行列，在大型水电机电设备研制、基础材料、安装运行等方面均取得了跨越式的发展，实现机电设备整个产业的技术进步与突破。

（一）实现大型水电机电设备研制的重大突破

1. 主机设备研制能力的提升

自三峡右岸开始我国哈电、东电两大主机设备制造厂商实现了700MW混流式机组的自主研制，并通过消化、吸收和不断优化创新陆续实现了单机容量

770MW、800MW 大型混流式机组的自主研制和工程应用，单机容量 1000MW 的混流式机组的研究工作也已全面完成即将进入工程应用阶段。

三峡机电设备的国产化不仅提升了我国大型混流式机组自主研制水平，同时也带动了我国水电行业整体研制水平的提升。利用三峡机组国产化工作打下的坚实基础，哈电、东电顺利实现大型抽水蓄能机组关键技术的引进工作。通过对引进技术的消化、吸收、融合、推广和加强自主创新与工程应用，我国在大型混流式水电机组、大型抽水蓄能机组、大型贯流式机组、大型轴流式机组、大型冲击式机组方面取得重大技术突破：完成单机容量 1000MW 白鹤滩机组的研制工作，总体技术水平达到国际先进水平；自主开发了单机容量 250MW 响水涧（已投入商业运行）、300MW 仙游（已投入商业运行）、250MW 溧阳、300MW 深圳、375MW 仙居等抽水蓄能机组，总体技术水平达到国际先进水平，部分技术达到国际领先水平；开发出世界单机容量最大的巴西杰瑞贯流式机组，单机容量 75MW（已投入商业运行）；正在开发单机容量 500MW 冲击式水电机组，该项工作完成后将达到国际领先水平。

目前我国在大型混流式主机研制方面已经站在世界的前列，总体水电主机设备研制水平达到国际先进水平。

2. 辅机及电气设备的研制能力提升

（1）调速、励磁系统方面。通过对三峡左岸电站调速、励磁系统转让技术的消化吸收以及自主创新，至三峡地下电站建设阶段，我国实现了 700MW 级大型水轮机调速器自主研制，其中比例阀与步进电机双通道冗余控制模式为国内首创，达到国际先进水平；250mm（6.3MPa）主配压阀填补国内空白，处于国内领先水平。我国自主研制的巨型调速器已经应用到溪洛渡和向家坝电站。至三峡地下电站阶段，我国也实现了励磁产品的完全自主研制，国电南瑞、能事达公司分别自主研制的大型发电机微机励磁成套装置在三峡地下电站得到成功应用。

（2）主变压器方面。通过消化吸收西门子股份公司 TU 变压器厂的设计和制造技术，保变和沈变先后成功制造出 4 台和 2 台 840MVA/500kV 主变压器，各项性能指标均满足合同要求。6 台变压器投运后一直安全稳定运行。通过对引进技术的消化吸收及自主研发，保变和沈变完全掌握了三相 840MVA/500kV 同等或更大容量升压变压器的设计与制造技术，具备了自主研制能力。保变于 2009 年顺利完成了三峡地下电站所用的 6 台 840MVA/500kV 主变压器的完全自主研制。从 2005 年至今，保变和沈变已先后制造了单机容量 600MW 以上发电机组配套主压变压器近 500 台，单机容量 1000MW 级发电机组配套主变压器超 200 台。

（3）GIS方面。西开电气在设计开发上，掌握了ABB公司转让的设计软件，广泛应用于产品的开发设计中；掌握了AHMA8液压弹簧机构技术，并成功国产化；掌握了绝缘件的设计、制造技术等。在工艺技术上，攻克了金属型低压铸造工艺关键技术，关键零件采用金属型低压铸造工艺；成功研制出高导电率铸铝材料，提高了铸件的导电率和产品的通流能力；自主研发了铸铝法兰与防锈铝管材的气体保护自动焊接新工艺；在环氧浇注技术上，研究出了新配方，提高了绝缘浇注件的制造能力；自主开发了长导体的半自动刷镀银新工艺等。沈开公司则完成了铝合金的铸造和焊接工艺研究与盆式绝缘子工艺攻关，研制了超高电压等级绝缘喷口，ELK TV3、TE3型隔离开关和ELK EM3、EB3型接地开关等。

（4）监控系统方面。通过技术引进和联合开发，国内计算机监控系统设计水平已经具备自主设计和独立承担大型水电站计算机监控系统配套能力。自主研制的三峡右岸电站计算机监控系统的成功投运，成为我国已具备自主设计、制造、安装调试巨型机组特大型电站计算机监控系统的开端，目前我国已跻身于世界先进大型水电站计算机监控系统设计、制造行列。水科院自动化所在三峡右岸电站计算机监控系统研制方面取得多项技术成果，包括多线程数据高速采集处理与负荷平衡管理技术；多机组特大型电站多重控制入口的安全性与可靠性策略；基于GTK标准的人机联系系统跨平台技术；高度兼容开放的信息web发布技术；巨型机组特大型电站的自动发电控制技术；开放的通用报表系统模型及定制技术；大容量历史数据的高速存储与管理技术等。

三峡右岸电站计算机监控系统的总体技术水平达到了国际同期先进水平，在系统总体结构设计、系统可靠性设计、人机联系、数据通信、自动发电控制等单项技术方面已居国际领先水平，代表了当时国际水电站计算机监控技术和应用的最高水平。目前，该系统已经推广应用到国内几十个电站，并有许多单项技术被推广应用到其他水利水电领域，创造了良好的经济效益和社会效益，具有广阔的推广应用前景。

（二）实现大型机电设备基础材料研制的重大突破

国内企业、科研院所通过联合技术攻关，突破机电设备基础材料研制的关键技术，在地下电站建设阶段实现了大型机组用铸件、高强度钢板、水轮发电机镜板锻件、大型水电机组厚钢板、大型变压器硅钢片、发电机硅钢片等基础材料自主供货，并且产品质量指标达到国际同类产品最高等级，结束了我国机电设备基础材料依赖进口的历史。

（三）电站机电和金属结构工程设计迈入国际领先水平

三峡电站机电工程规模宏大，是世界上装机容量和金属结构工程量最大的水电站，机电设备技术复杂、性能先进、品种繁多，且很多设备在国内外是首次遇到。长江设计院作为设计总成单位，对工程的众多机电设备和金属结构设施的型式、性能参数选择科学、性能先进、安全可靠、匹配合理，以最优的系统方案和最少的设备数量完成包括葛洲坝梯级枢纽在内的各种机电和金属结构设备的集成。自三峡工程蓄水发电通航以来，实现了监控自如、信息畅通、调度灵活、运行安全可靠的机电工程设计目标，通过了洪水期、枯水期各种运行方式的考验，确保了三峡—葛洲坝梯级枢纽综合利用效益的最大限度发挥。实践表明，电站机电设备和金属结构工程设计迈入国际领先水平。

（四）促进我国大型水电机组的安装、运行、管理水平的提升

700MW 水电机组的安装、运行和管理在三峡工程建设前对我国来说都是一个空白，为做好三峡机组的安装、调试、运行和管理，三峡集团公司在充分研究国际相关标准和技术资料的基础上制定了《三峡水轮发电机组安装标准》“精品机组”评价标准，并创造性地提出了“首稳百日”的新机组投产管理和考核指标；为指导三峡机组在各种水头下安全、高效运行，制定了三峡机组运行区划分标准，将机组运行区划分为稳定运行区、限制运行区、禁止运行区、空载运行区，并结合相关标准确定了稳定运行区的各项指标。这些措施有效地保证了三峡机组安装质量和运行的可靠性，促进我国大型水电机组的安装、运行、管理水平的提升，为我国乃至世界大型水电机组的安装、运行、管理提供了宝贵的经验。

第九章

评估结论和建议

机电设备评估组在研读了《机电设备论证报告》（1988年）、各阶段评估报告、三峡机电工程设计报告、机电设备试验报告、机组运行报告、相关规程规范等资料，并进行了实地调研后，经专家认真、充分讨论，得出以下评估结论并提出建议。

一、评估结论

（一）水轮机评估结论

对三峡电站水轮机特性、结构型式和主要参数等进行了评估，结论如下：

（1）《机电设备论证报告》（1988年）推荐三峡水电站水轮机采用混流式，是最适合三峡枢纽水头范围的机型，它结构可靠、技术成熟、有丰富的设计制造和运行经验。实践证明三峡电站采用混流式是正确的。水轮机容量、转轮直径以及主要参数（比速系数、空化系数、最高效率等）的选取科学、合理、可靠，过渡过程分析计算正确，巨型混流式水轮机的结构型式合理，保证了机组的安全稳定运行。

（2）《机电设备论证报告》（1988年）要求三峡工程重视机组稳定性。有关各方高效协同，在科研、设计、制造、安装和运行中采取的多种措施，有效保证了机组的稳定运行。三峡电站依据真机试验情况确定机组安全运行范围，更好地保证了机组稳定运行。

（3）水轮机真机特性与模型试验结果吻合良好。三峡电站5种设计的700MW级水轮机均有较高的效率和良好的空化性能，在额定水头时每台机组均能达到额定出力700MW，在运行水头高于额定水头一定值时，机组出力可达到756MW。

（二）发电机评估结论

对三峡电站水轮发电机主要参数、结构型式、冷却方式以及机组推力轴承等进行了评估，得出以下结论：

（1）水轮发电机的静态和动态稳定性、热稳定性、抗干扰能力（电网波动、地震等）、过负荷能力及过渡过程等运行试验和长期运行情况表明：水轮发电机性能指标优越，满足了电网要求，确保了三峡电站与电网的稳定运行和电力电量顺利输送，证明了发电机主要参数的选取是科学、合理、可靠的。

（2）三峡电站采用的3种不同冷却方式（定子水内冷、全空冷、定子蒸发冷却）的水轮发电机，经受了不同水头、不同负荷和各种复杂工况下的考验，证明这3种冷却技术在三峡发电机中应用是成功、可靠和正确的。全空冷和定子蒸发冷却技术由我国自主开发，它的成功应用，表明中国大容量发电机冷却技术已达到国际领先水平。

（3）发电机运行实践证明，三峡电站水轮发电机采用具有上、下导轴承的半伞式和推力轴承布置在发电机下机架上的结构型式是合理的，机组在各种工况下运行稳定，机组推力轴承结构和性能水平达到国际先进水平。

（三）辅机评估结论

对三峡电站的调速系统、励磁系统进行了评估，得出以下结论：

三峡左岸电站、右岸电站、地下电站的调速系统和励磁系统，由“国际采购＋国内分包”，到“国内采购＋进口核心部件”，再到“国内总体设计＋进口通用部件”，与水轮发电机组同步实现了“引进—消化吸收—自主创新”的战略。调速系统、励磁系统的型式和主要参数选用正确，整体运行品质良好。自主设计、制造的调速器及励磁系统达到了国际先进水平。

（四）机组制造、运输评估结论

对水轮发电机组的制造、运输进行了评估，得出以下结论：

三峡水轮发电机组是当时世界上尺寸最大、重量最重的混流式机组，水轮机的核心部件转轮直径超过10m，净重430～460t，是超大超重件，运输困难。《机电设备论证报告》（1988年）建议比较在工厂制造后整体运输到工地和用部件在工地组焊成整体两个方案。实践中两个方案都得到了采用并都获得成功。工地组焊的成功，解决了大型转轮运输问题，为后续西部大型电站的建设积累了经验。

（五）机组适应分期蓄水方案评估结论

对机组适应分期蓄水方案进行了评估，得出以下结论：

三峡水库的蓄水随着大坝施工和移民安置的进程采用分期蓄水方式，由于初期蓄水位与最终建成后的正常蓄水位相差40m，历时6～7年，要求水轮机的设计兼顾这样宽的变幅超过了已有的工程经验。《机电设备论证报告》（1988

年）曾提到初期采用低水头转轮，后期更换为永久转轮方案，要求在初步设计中比较。工程实施中由于采用先进的水力设计技术和制造措施，使得一个永久转轮就适应了三峡电站分期蓄水水头变幅大的特点，而且机组也具有良好的稳定性。工程实践证明，选用一个转轮适应分期蓄水的方案是正确的。

（六）电气设计及主要设备评估结论

对三峡电站的电气设计及主要设备进行了评估，得出以下结论：

（1）经历了各种运行水头、多种运行方式的考验，三峡电站的电力、电量能安全稳定送出，并适应全国电力系统联网，表明三峡电站电力外送和接入电力系统设计是合理的。

（2）三峡左岸、右岸、地下及电源电站选用的电气主接线安全可靠、调度灵活，满足了三峡电站各种运行方式和电力输出的要求，主变压器、GIS配电装置等电气设备运行性能优良。

（3）梯级枢纽调度和电站综合自动化系统设计合理、技术先进、功能齐全，性能指标满足合同要求，运行稳定，安全可靠，实现了调度监控及运行管理自动化，达到了三峡工程可行性论证时提出的目标要求。

（七）枢纽的金属结构及桥式起重机评估结论

对三峡工程枢纽的金属结构及桥式起重机等进行了评估，得出以下结论：

（1）三峡枢纽工程金属结构及各种启闭设备经历了洪、枯水期的泄水、蓄水、排沙和电站各种运行工况的考验，相应的闸门启闭正常且性能良好，达到了工程设计的要求。

（2）左岸、右岸及地下电站厂房中各配置的2台1200/125t桥式起重机达到了工程设计要求，满足了现场安装及检修维护的需要，且运行性能和同步性能良好。

（八）机电设备安装、调试、运行和维护评估结论

对三峡电站机电设备安装调试、运行维护、管理措施等进行了评估，结论如下：

（1）三峡集团公司制定了高于国家标准的安装标准，建立了完善的安装质量控制体系和“首稳百日”“精品机组”等考核标准，并严格执行。上述措施保证了机电设备安装和调试的高质量。机组严格按规定的项目进行调整与试验，对机组安装与调试过程中出现的问题及时进行处理，并取得了良好的效果。

（2）通过对5种设计的水轮发电机组各种工况下的压力脉动、部件振动、轴系摆度等性能指标进行综合分析，三峡集团公司将每种机组的运行区划分为

稳定运行区、限制运行区、禁止运行区、空载运行区，指导机组运行，这对机组的长期安全稳定运行起到了保证作用。

（3）机组总体运行状况良好，历年机组等效可用系数均在93%以上，可靠性指标始终保持在较高水平（2003年初期投产的6台机组等效强迫停运率为0.43%，2013年34台机组等效强迫停运率为0.02%），为电力行业的先进水平。

（4）2008年和2012年，对国内外5种设计的机组进行真机对比试验分析，结果表明，国产机组的水力设计、电磁设计、冷却方式、绝缘技术、机组结构等方面都达到了国际同等水平，右岸电站机组总体性能优于左岸电站机组。哈电自主研制的当时世界上单机容量最大的840MVA水轮发电机全空冷技术、东电和中国科学院电工研究所自主研发的当时世界上单机容量最大的840MVA水轮发电机定子蒸发冷却技术达到了国际领先水平。

（九）对我国水电机电设备行业技术进步和制造能力的影响评估结论

对三峡电站机组设备骨干制造企业的技术研发、设计、制造能力进行了评估，结论如下：

（1）三峡电站的成功建设，促使我国水力发电设备制造业水平快速提升，进入国际先进行列。三峡工程开工建设以前，我国水电装备研制水平与国外相比差距很大，单凭国内技术短期内无法实现三峡电站巨型机组的自主研制。在国家正确的决策下，采用“引进—消化吸收—再创新”的技术路线，借助三峡工程，我国水电重大装备制造企业哈电、东电、西开电气、保变等向国外一流的水电设备制造企业引进并消化、吸收了先进的水电设备研发、设计、制造技术及管理理念，建立了现代化的自主研发创新体系，保证了产品的自主创新和技术的持续提升。三峡工程的成功建设，促使我国水力发电设备制造水平进入国际先进行列，实现了我国大型混流式机组技术的跨越式发展，同时也为后续溪洛渡（单机容量770MW）、向家坝（单机容量800MW）、乌东德（单机容量850MW）、白鹤滩（单机容量1000MW）等大型水电站的顺利建设奠定了坚实的基础。

（2）机电设备采用国际招标模式，推动了我国水电装备制造业的技术持续创新。在国家政策引导和支持下，三峡集团公司充分发挥业主统筹协调的主导作用，采取国际招标的模式来采购三峡电站的水电设备。三峡集团公司搭建的这个国际竞争平台，推动了我国水电设备制造企业积极参与国际竞争。2003年三峡集团公司在右岸水轮发电机组国际招标中，更进一步要求投标的国内外供货商在投标的同时，提交各自的水轮机模型，在第三方试验台上进行同台对比试验，择优选择机组设备供应商。这种全球竞争模式积极推动并引导我国水电设备制造企业不断进行技术革新和管理改进，有利于提升企业的技术创新能力，并不断提升我国企业在国际市场上的竞争力。从水轮机模型同台试验对比择优选择右岸机组制造商开始，到白鹤滩 1000MW 机组的供货商选择，都证明了该模式的正确性。该模式对于其他行业也具有重要的借鉴和参考意义。

综上所述，自左岸电站首批机组于 2003 年 7 月投产以来，三峡水轮发电机组相继经历了 135.00m、156.00m、172.80m、175.00m 等不同阶段蓄水位的运行考验。10 余年来的运行考核表明，三峡水轮发电机组运行安全稳定，能量、空化和电气等性能良好，主要性能指标达到或优于合同要求。电站变电设备、综合自动化系统、各种金属结构设施、附属设备及公用系统设备等运行性能优良，能长期可靠、稳定运行。我国巨型水轮发电机组主、辅机设备等的自主研发、设计、制造、安装、调试能力实现了跨越式发展，与世界先进企业并驾齐驱，自行研制的巨型机组总体性能达到了国际先进水平。

二、建议

结合 2008 年《三峡工程论证及可行性研究结论的阶段性评估报告》、2012 年《三峡工程试验性蓄水阶段评估报告》，并根据本次调研及评估结果，建议如下：

（1）依托三峡工程，我国迅速成为水电装备制造大国并向水电制造强国迈进。这得益于 3 个方面：①政府的正确决策和大力支持；②国际化的技术合作与竞争；③持续的自主创新。因此建议国家进一步支持我国高端装备制造业的自主创新体系建设，培育企业的自主创新能力，并在此基础上，采取开放、合作与竞争的模式支持国内企业参与国内外重大工程的竞争，在全球化竞争的背景下激发企业的创新活力，从而持续提升企业的竞争能力。

（2）对于水轮机，建议今后大型水电机组的水力设计要将稳定性放在首位，并综合考虑机组与厂房的联合振动，按运行水头和负荷范围对机组划分合理的运行区间，机组严格控制在水力设计的稳定区域运行，避免在其他区域运行。对于发电机，深入研究水轮发电机绝缘材料与绝缘结构，提高耐热等级，延长发电机运行寿命，同时加强防电晕技术研究。对于辅机，建议广泛采用自主研制的辅机设备以进一步促进我国辅机研制能力和技术水平的进步。

（3）三峡电站水轮发电机组额定功率为 700MW，在设计阶段从扩大机组运行的稳定性、增加机组调峰容量出发，在设置额定功率和额定容量的同时，还设置了最大功率和最大容量，即发电机额定容量 777.8MVA，功率因数 0.9，对应的额定功率为 700MW；最大容量 840MVA，最大容量运行时的功率因数 0.9，对应最大功率为 756MW。在三峡水库 175.00m 水位试验性蓄水过程中，三峡电站对机组开展了最大容量运行下的全面试验和考核，结果表明机组在高水头下具备 756MW 长期安全稳定运行的能力。建议与电网协同研究、突破障碍，允许三峡电站的机组在相应的高水头下按单机容量 756MW 调度运行，既可以扩大机组稳定运行的范围，又可以提高发电的效益，实为各方受益而无一害的举措，为更好地发挥水电的绿色能源优势，降低碳排放作出更大贡献。

后　记

自三峡工程左岸电站首批机组于2003年7月投产以来，三峡水轮发电机组相继经历了135.00m、156.00m、172.80m、175.00m等不同阶段蓄水位，2008年汶川大地震和2020年5次超大洪峰流量（5次入库洪峰流量超过50000m^3/s的洪水，并出现自2003年建库以来最大入库洪峰75000m^3/s）的运行考验，实践证明三峡工程机电设备设计科学、技术先进、性能可靠。截至2022年年底，三峡电站累计发电量15816亿kW·h，为我国国民经济和社会发展作出了巨大贡献。

通过三峡工程，我国水电装备技术实现了近30年的跨越，基本建成现代化的水电机电设备研发体系与制造体系，积累了丰富的巨型水电站建设与运行管理经验，为我国水电装备技术水平的持续提升与发展、水电资源规模开发与利用奠定了坚实的基础。继三峡工程之后，我国又相继建成溪洛渡（单机容量770MW）、向家坝（单机容量800MW）、乌东德（单机容量850MW）、白鹤滩（单机容量1000MW）等一批大型水电站，机组单机容量不断刷新。2021年6月28日，我国自主研制的世界单机容量最大功率1000MW白鹤滩电站首批水轮发电机组投产发电，白鹤滩机组不仅单机容量世界最大，其机组效率、电压等级、水轮机稳定运行范围也是700MW级以上机组最高的。白鹤滩机组的成功投产标志着我国在巨型混流式机组技术领域已经实现由三峡左岸建设时期的技术“跟跑”向技术“领跑”的飞跃。目前我国水电装备在混流式、轴流式、贯流式机组及相关设备领域已处于国际领先水平，在可逆式、冲击式机组及相关设备领域已处于国际先进水平，水电产品不仅装备我国大江南北，也出口国外。我国在不到30年的时间内实现了从三峡工程建设前水电装备技术落后、水电资源开发落后的国家向水电装备制造强国、水电资源开发世界第一大国的重大跨越，在长江江段上建成由乌东德、白鹤滩、溪洛渡、向家坝、三峡、葛洲坝大型水电站组成的世界最大清洁能源走廊。实践证明，国家采取以“引进—消化吸收—再创新”的技术路线实现我国巨型水轮发电机组等重大水电装备国产化的决策是正确的，三峡工程对我国水电机电设备行业技术进步与整体提升作用显著且影响深远，意义不可估量。

至此，我们祝愿三峡工程综合效益泽被千秋，祝愿我国水电装备技术继续蓬勃发展，为人类社会发展与环境改善作出更大贡献，并向三峡工程建设者和我国水电工作者致以崇高的敬意！

中国工程院三峡工程建设第三方独立评估
机电设备评估课题专家组

2023 年 5 月

参 考 文 献

[1] 俞宗瑞，朱仁堪，吴天霖，等. 三峡枢纽水力机组容量论证初步意见［R］，1958.

[2] 水利部长江水利委员会. 长江三峡水利枢纽单项工程技术设计报告［R］. 5册，1995.

[3] 中国工程院. 长江三峡工程专题论证报告汇编［G］，2008.

[4] 中国工程院三峡工程阶段性评估项目组. 三峡工程阶段性评估报告 综合卷［M］. 北京：中国水利水电出版社，2010.

[5] 中国工程院三峡工程试验性蓄水阶段评估项目组. 三峡工程试验性蓄水阶段评估报告［M］. 北京：中国水利水电出版社，2014.

[6] 上海发展战略研究会. 三峡工程的论证与决策［M］. 上海：上海科学技术文献出版社，1988.

[7] 黄源芳，李文学. 三峡电站水轮机性能和结构特点评析［J］. 中国三峡建设，2000（7）：23-26.

[8] 田子勤，刘景旺. 三峡电站混流式水轮机水力稳定性研究［J］. 人民长江，2000，31（5）：1-3.

[9] 陶星明，刘光宁. 关于混流式水轮机水力稳定性的几点建议［J］. 大电机技术，2002（2）：40-44.

[10] 袁达夫. 长江三峡工程技术丛书：三峡工程机电研究［M］. 武汉：湖北科学技术出版社，1997.

[11] 王国海. 三峡右岸巨型全空冷水轮发电机组关键技术——水轮机篇［J］. 大电机技术，2008（4）：30-36.

[12] 刘胜柱，纪兴英. 三峡右岸水轮机水力性能优化设计［J］. 大电机技术，2004（1）：30-34.

[13] 石清华. 改善和提高三峡右岸水轮机水力稳定性的水力设计［J］. 东方电机，2005（2）：1-23.

[14] 李伟刚，宫让勤. 三峡右岸水电站水轮机参数选择研究［J］. 大电机技术，2009（2）：37-42.

[15] 胡江艺，严肃. 三峡右岸电站水轮机选型设计［J］. 东方电机，2005（2）：30-35.

[16] 王波，张向阳. 三峡右岸水轮机关键部件数控加工技术研究［C］//全国机电企

业工艺年会“厦工杯”工艺征文论文集．中国机械制造工艺协会，2009.
[17] 李伟刚，宫让勤．三峡右岸水电站水轮机过渡过程计算分析［J］．大电机技术，2009（1）：34－37.
[18] 黄源芳，刘光宁，樊世英．原型水轮机运行研究［M］．北京：中国电力出版社，2010.
[19] 邱希亮．哈尔滨电机厂技术发展历程［M］．北京：中国水利水电出版社，2014.
[20] 陈锡芳．水轮发电机结构运行监测与维修［M］．北京：中国水利水电出版社，2008.
[21] 陶星明．坚持自主创新，促进大型水电机组核心技术发展［J］．电器工业，2009（1）：30－33.
[22] 吴伟章．大型水电机组核心技术在哈电的发展［C］//大型水轮发电机组技术论文集．北京：中国电力出版社，2008：63－68.
[23] 袁达夫，梁波．大型水轮发电机冷却方式［J］．大电机技术，2008（5）：46－56.
[24] 陶星明，刘光宁．哈电三峡机组的技术引进、消化与自主研制［J］．电力设备，2008，9（8）：101－102.
[25] 陶星明．自主创新哈电大型水电机组迎来大发展［J］．机电商报，2009（3）：1－3.
[26] 刘公直，付元初．全空冷巨型水轮发电机［J］．大电机技术，2007（5）：1－8.
[27] 袁达夫，邵建雄，刘景旺．长江三峡水利枢纽机电工程设计进步［C］//第一届水力发电技术国际会议论文集．2卷．北京：中国电力出版社，2006.
[28] 刘平安．三峡右岸电站840MVA全空冷水轮发电机技术［J］．大电机技术，2008（4）：1－5.
[29] 武中德，张弘．水轮发电机组推力轴承技术的发展［J］．电器工业，2007（1）：32－36.
[30] 袁达夫，梁波．三峡地下电站水轮发电机冷却方式［C］//2013年电气学术交流论文集．北京：中国电力出版社，2013.
[31] 刘平安，武中德．三峡发电机推力轴承外循环冷却技术［J］．大电机技术，2008（1）：7－10.
[32] 满宇光，李振海．三峡左岸水轮发电机绝缘系统概述［J］．大电机技术，2007（1）：27－30.
[33] 刘亚涛，王立贤．三峡右岸电站调速器功率快速调节的实现［J］．大电机技术，2010（4）：57－60.
[34] 王立贤，杨威．PCS7系统在三峡右岸机组油压装置集中测控中的应用［J］．水电站机电技术，2011（2）：28－30.
[35] 毛羽波，朴秀日．三峡右岸调速系统机械液压部分的特点［J］．水电站机电技术，2011（2）：28－30.
[36] SUN Y T，GAO Q F. Development of Air－cooled Hydrogenerators for 700MW Level Capacity［C］//Proceedings of CIGRE Colloquium on New Development of Rotating Electrical Machines. Beijing，2011.